Knife: The Cult, Craft and Culture of the Cook's Knife

圖解料理職人愛用的廚刀文化、工藝與入門知識

作者／蒂姆・海沃德 Tim Hayward 翻譯／盧心權

廚刀之書

廚刀之書
圖解料理職人愛用的廚刀文化、工藝與入門知識

國家圖書館出版品預行編目(CIP)資料

廚刀之書：圖解料理職人愛用的廚刀文化、工藝與入
門知識 / 蒂姆·海沃德（Tim Hayward）作；盧心權
譯. -- 初版. -- 臺北市：麥浩斯出版：家庭傳媒城邦
分公司發行, 2019.11
面；　公分
譯自：
ISBN 978-986-408-555-2(平裝)

1. 食物容器　2. 刀

427.9　　　　　　　　　　　　　　108019280

作者	蒂姆·海沃德（Tim Hayward）
翻譯	盧心權
責任編輯	葉承享、劉文宜
封面設計	黃見郎
內頁排版	郭家振

發行人	何飛鵬
事業群總經理	李淑霞
副社長	林佳育
副主編	葉承享

出版	城邦文化事業股份有限公司　麥浩斯出版
E-mail	cs@myhomelife.com.tw
地址	104台北市中山區民生東路二段141號6樓
電話	02-2500-7578
發行	英屬蓋曼群島商家庭傳媒股份有限公司城邦分公司
地	104台北市中山區民生東路二段141號6樓
讀者服務專線	0800-020-299（09:30～12:00；13:30～17:00）
讀者服務傳真	02-2517-0999
讀者服務信箱	Email: csc@cite.com.tw
劃撥帳號	1983-3516
劃撥戶名	英屬蓋曼群島商家庭傳媒股份有限公司城邦分公司
香港發行	城邦（香港）出版集團有限公司
地址	香港灣仔駱克道193號東超商業中心1樓
電話	852-2508-6231
傳真	852-2578-9337
馬新發行	城邦（馬新）出版集團Cite（M）Sdn. Bhd.
地址	41, Jalan Radin Anum, Bandar Baru Sri Petaling, 57000 Kuala Lumpur, Malaysia.
電話	603-90578822
傳真	603-90576622
總經銷	聯合發行股份有限公司
電話	02-29178022
傳真	02-29156275
製版印刷	凱林彩印股份有限公司
定價	新台幣450元／港幣150元

2023年3月初版2刷·Printed In Taiwan
ISBN 978-986-408-555-2

目　錄CONTENYS

6
導　言

10
廚刀的結構

12
廚刀的握法

14
廚刀的切法

16
關於刀具材質

22
關於刀具製作

29
關於刀匠職人

42
世界各國的廚刀

45
關於廚刀

50
西式廚刀

74
中式廚刀

88
日式廚刀

132
職人專業用刀

154
專業刀具

194
關於研磨廚刀

210
刀具的配件

218
作者簡介

220
索　引

導 言

．．．

沒有任何一件你所擁有的物品，會與你的廚刀有半點類似。每天，你都會拿起廚刀，用它來創造和改變，我想，對畫筆或鍵盤來說可能也是如此。但廚刀不僅僅是一種創造性或功能性的工具，除非，你是那種非常特別的人，否則這把刀將是你所有物中唯一一件為切肉切菜而製造的。想想看，一件八英吋長、尖銳到足以致命的「武器級」金屬置放在你的廚桌上，與上了膛的手槍一樣，具有造成混亂的相同潛力，而它卻是主要用來為家人製作餐點，表達你對家人的愛。

廚刀是我們置放在家中，卻又同時畏懼它的少數物品之一。我的老媽——上帝保祐她——她「不太信任」瓦斯，所以當戰爭結束後，終於「擁有電器用品」時，她著實鬆了一口氣，還記得當時母親盡快安靜地把壓力鍋和深油炸鍋給處理掉。我們現在已成為厭惡風險的老百姓，並已將那些危險物品從家中清除掉了⋯⋯除了廚刀之外。留下廚刀並非簡單的抉擇：它是唯一餘留下來的家用工具，我們必須訓練自己去駕馭它——而不是從盒子中取出它、打開它，並且期望它來為我們效力。大多數人都會向父母學習如何使用和尊重廚刀。我們會花時間和心力在廚刀上，照顧、磨銳、小心地洗滌，並且恭恭敬敬地把它們放在砧板上、刀架上或盒子裡。當人類和工具之間一開始的簡單關係，逐漸地變質成一種邪教徒的戀物癖時，我們應該感到驚訝嗎？關於廚刀的什麼事，讓我們產生這樣的感覺？

就如我們每天所使用的大多數東西，包括我們自己的身體一樣，在廚刀的生命過程中，它的形狀和功能皆會逐漸改變。曾經坐在巴塞隆那的一家小吃吧裡，發現一位主廚在使用一把我以前從未見過的刀。它的刀柄像標準的賽巴迪（Sabatier）三鉚釘刀的刀柄，但是刀身卻是一個鋒利無比的小爪，大約一英吋長。我的西班牙語說得奇爛無比，但我仍設法請店主人來介紹它。

店主人一邊以他那雙被割傷和燙傷的手來展示刀子，一邊娓娓道來說，那把刀子曾經有6英吋長的刀身，但是經過了14年的歲月，刀身已被磨削成現在這樣⋯⋯而在每個工作日，他都會用這把刀來切開西班牙香腸的外皮。據我所知，沒有任何一家廚房用品店有販售「西班牙香腸削皮刀」這種東西，但是在Cal Pep小吃酒吧後面肯定有一把。這把刀雖然已經磨損得精疲力竭了，但它依然美麗；它是它的所有者和其工作生涯與工作環境下的產物。那位店主的刀是日文「侘寂」（wabi-sabi）一詞之完美典範，傳達了某物在經久使用下磨損和變形所產生的美學吸引力——那是「逐漸消逝」和獲得「個性」的確切體現。

刀子是不同的師傅們用來處理食物的日常工具。主廚的廚刀與我們家用的廚刀相似，然而整天切肉或切魚之人的廚刀，還是有所不同。就如同任何師傅的工具一樣，廚刀會隨著它們所做的工作而逐步進化，並且被用它們來工作的職人精神所充滿。助理廚師手上雕刻水果的鳥嘴刀（tourné knife）和海上拖網漁民手中彎曲得要命的去內臟刀（gutting knife）相去十萬八千里，然而經過了世世代代熟練而專業地使用，這兩種廚刀皆更加地進化，共享著美好的簡約功能。

　　由於刀子也是戰爭用的武器和屠宰的工具，它們在許多文化的習俗中自然備受矚目，而這些習俗已經遠遠超過了規則，成為了禁忌。舉例來說，在西方，我們習慣在盤子上持刀，但是在許多文化中則禁止在公共餐桌上出現如此危險的器物。按常理來說，在一個共享食物和待客殷勤的地方，是不該有武器存在的，然而這些習俗在許多文化中皆已有很長的歷史，甚至影響了整個烹飪史。

　　我們那民族性的廚刀風格，就像民族服飾甚至語言一樣地獨特與個性化。由於廚刀主要是用來準備食物的，因此它們就如我們的美食佳餚一樣地多樣化，並且會受到當地的食材、經濟、信仰和禁忌的影響。「廚刀是人類巨大的多樣性之象徵」的這個概念相當棒——我希望有人正在著手寫這方面的書。

　　對我來說，比各種廚刀無限微妙的差異性來得更令人興奮的，是它們的相似之處。本書並不試圖要包山包海，相反地，本書是對於來自世界各地廚刀的非常個人化的選擇，是根據這些廚刀表現不同物理特性的方式，以及這些特性是如何與不同文化和烹飪方式產生共鳴，而挑選出它們的。

　　全世界的廚刀種類如此繁多，真正的新發現是去認識到「人類對事物的理解是具有普遍性的」，而我們也逐漸感覺到「我們可以控制刀片所造成的危險」*這樣的領悟，已超越了國家和文化。最讓人興奮的是，貫穿整個歷史，無論製刀師傅們的技術和藝術水平如何，從日本的刀匠「職人」（shokunin）到在印度市場上用廢金屬製作工作刀的女人，他（她）們對於廚刀設計的「反應」最終皆如此一致。必須總要有一把較重的刀；它的刀喉必須夠深，如此以「鎯頭握」（hammer grip）來拿刀時，才能保護到關節。無論是在肉食文化的環境中切肉，亦或在素食烹飪中切割堅韌的蔬菜，較重的刀子都占了重量上的優勢。必須始終有一把刀能夠用於朝向姆指切割的橄欖形刀法；它的刀身必須很窄，不需要刀尖，而刀柄的設計則必須有利於刀子擺動。而無論它是由德國的工具鋼所製成，還是由鋼鋸片和回收托盤的木材所製成，都無關緊要。

仔細想想，有多少文化都是採用了一把單一的「主刀」，但將之開發成適用於多重用廚的廚刀，是不是很有趣——首先躍入腦海中的就是主廚刀和中式菜刀；而在其他傳統中，例如日本人是如何看到上述想法的價值，並將其汲取到自己的刀具製造中，發展出像三德刀（santoku）這樣的刀子，也是非常有趣。看看各種文化是如何相互豐富的——西方主廚是多麼地崇敬日本刀！為何在每個文化中每位主廚的刀具包中，現在都包含一把三德刀和一把主廚刀？日本人又是如何採用了雙面研磨法並加以改進？而主廚刀又是如何朝向更寬更輕的刀體而演化？——上述這些問題在在都令人著迷。

　　想像所有這些演變，有朝一日都會開花結果成為一些混合設計的「優廚刀」（Überknife），這真是太吸引人了！想像有一把刀的刀刃如柳刃（yanagiba）般尖銳，又和中式菜刀的刀刃一樣深；兼具主廚刀和薄刃（usuba）的優點；刀柄符合西式刀具的重量和拿法，又如日式刀具一樣易於擺動；有一個刀枕以保護手指，具有三德刀的多功能性；像德國刀刃一樣容易用機器來複製，又如日本刀一樣文雅和輕巧。當然，這樣的廚刀可能會打破上千種傳統，但是作為世界各地和整個人類歷史上的廚師與刀具製造商所逐步發展出來的象徵符號，把它添加到您的刀具包中，將會是一件多麼美妙的事。

　　廚刀承載著文化、歷史和技術所帶來的負荷，與其簡單的結構不成比例。廚刀擁有美麗的純粹目的，它幾乎是形式的完美表達，能精確地跟隨著功能而改變，同時也是一個具有難以捉摸、隱晦難辨特質的一團沸騰的混亂。拿起一把廚刀，感受它的份量與重量，就是要去連接所有這一切。有些文化會談到刀刃的「精神」，但是我覺得那樣的想法有些不切實際；相反地，這本書是一本讚美廚刀的隨筆集，亦是對廚刀物質自我探索，更是對其無形資產的慶祝。

廚刀的結構

....

　　廚刀有兩個主要結構「刀身」（blade）和「刀柄」（handle），但是刀子的各個部位則有更複雜的命名法。刀身上有「刀尖」（point）和「刀脊」（spine）*，而沿著底部彎曲的邊，則是「刀腹」（belly）。在描述刀身上的位置時，我們會提到刀柄附近的「刀跟」（heel）和朝向刀尖的「前刃」（tip）。

　　「斜面」（bevel）是形容將刀刃從刀脊朝向切割刃的方向磨薄，而「刀面」或「刀頰」則是指刀身上平坦的†表面。

　　刀身的金屬會繼續伸入刀柄中被稱為「刀根」（tang）的部分，以增強力量和穩定性。以傳統上用來輕劃的日本刀的刀身來說，其刀根是一個鍛造的金屬尖狀物，嵌入堅固的木質刀柄中。而就大多數西式刀具和那些用於更具衝擊性之切割方式的刀具而言，刀根會穿過刀柄形成一個中間層就是一個完整的刀根。在這些情況下，刀柄是由兩片板子或柄片（scales）將刀根夾在中間、並以鉚釘（rivet）固定在一起所形成。刀柄的末端則稱為「柄尾」（butt），而在一些刀具中，柄尾可能會是刀根金屬部位的延伸。

　　在某些刀身上，特別是德製廚刀的刀身，刀身與刀柄接觸之處會有一塊鍛造的金屬增厚。這是「刀枕」（bolster），用來強化刀身，讓它更加直觀，以便讓真正的行家「捏握」在手中時能兼以保護手指。刀枕可說是被絕妙命名的「刀身側」（ricasso）之現代同等物。刀身側是指早期的決鬥武器之刀身上，與刀柄相連接的短而未開鋒的部分，也就是食指可以纏繞於護手上、倚靠在刀身上能更好地抓取的部位。而在刀身連接木質刀柄之處，通常會再加上一個由骨或角製成的套環，以防木材裂開。

* 彷彿我們賦予刀具性格和精神還不夠怪異，刀子的大多數部位皆是以我們身體的部位來命名的。

† 西部常見的雙刃刀片兩面會均勻地磨利，形成對稱的楔形。單刃刀片則僅有一面磨利，形成更銳利的尖角。

TIP 前刃 ——————

POINT 刀尖 ——

BELLY 刀腹 ——

SPINE 刀脊 ——

BLADE 刀身 ——

HEEL 刀跟 ——

BOLSTER 刀枕 ——

THROAT 刀喉 ——————

TANG 刀根 ——

HANDLE 刀柄 ——————

SCALE 柄材 ——

RIVET 鉚釘 ——————

廚刀的握法

．．．

你的手與廚刀是否相合，取決於手的大小、刀柄形狀、切菜的意圖，以及烹飪的傳統等無限變量之結合。儘管如此，有五種基本的拿刀方式。

1. **鎚頭握（Hammer Grip）**

   這是大多數人拿切肉刀（cleaver）或砍刀（chopper）的方式：以四根手指纏握在刀柄的一側、大拇指搭在另一側，強力、牢固地握住刀柄。這是進行擊打時的自然握法，也就是說完全是藉由手腕來控制刀身角度。這樣持刀力道會很強，卻無法精細地控制。如果你經常使用斧頭或小斧頭，將會想起，要連續擊打在同一個地方，得經過多少次練習！嘗試用一把不太鋒利的廚刀去練習切割大而堅韌的東西，例如高麗菜，無論如何，你將會自動地採取鎚頭握，沒有別的方法。

2. **捏握法（Pinch Grip）**

   擊劍者會被教導要以拇指和食指指尖來持握花劍，就握在護手下方。由於這樣持握十分靈活，將創造出一個支點，而整個刀身都會在其餘三個手指的操控下移動。廚師的「捏握法」也是依據類似的原理來運作的。拇指和食指捏握在刀背上、刀脊與刀柄連接之處，也就是刀枕之前的部位，而其餘的手指則鬆散地搭在刀柄的其餘部分上。以刀尖為樞軸，刀身可以快速地上下移動，以進行精細的切割，但是刀尖是可以控制的，就如劍術家的花劍一樣，可以用手的其餘部位來操控。這種「捏握法」感覺上很精巧，可以很大程度地控制刀身，但是由於它比較不利於傳遞蠻力，所以還有賴一個製作精巧的刀刃來搭配。

3. **指向法（Point Grip）**

   人類生理學和心理學中有一項奇怪的怪癖，就是我們在無意識和本能的層面上，能令人驚奇地準確計算出我們食指指向的確切位置。要知道你的手指在指著某樣東西，不需要像瞄準射擊時那樣沿著手指瞇眼斜看，如接球動作般，這是我們被深度編程的那些「頭腦/肌肉連結」動作的其中一種。*而將食指沿著刀脊放置，會將刀身「鎖」在那種本能上──成為手臂的延伸。此種握法能夠完全控制刀子的方向，雖然除了直接的猛推動作之外，這樣拿刀也會大大地降低對刀子用力使

勁的力道。以此種方式持握的刀刃需要夠鋒利，才能在長時間一網打盡的切菜行程中輕鬆地切菜。這也是生魚片廚師們持握柳刃的方式。[†]

4. 匕首握（Dagger Grip）

與鎚頭握相似，但是刀子的前刃卻是朝向相反的方向，是用手掌底部反握刀柄。這種握法實際上只有職業屠夫、獵人或漁民在採用，待切割的屠體則會懸掛或放置在工作台上。以此種方式持刀，意味著你可以使出巨大的力氣，而刀子的自然擺動也不會碰到你的另一隻手。如果你正準備花上一整天肢解整頭牛或整尾金槍魚，這會是一個令人安心的安全握法。

5. 橄欖形刀法（Toward The Thumb Grip）

適用於細窄的刀身和短小的刀柄，因為必需四根手指緊握刀柄，刀刃方向朝向握住食材的另一手大姆指，依著食材的曲線，雙手配合將食材推向刀刃。這是用於削鉛筆或削尖木頭的一種握法，而這也是處理食材時唯一允許朝向你身體的某個部位切割的時刻。最重要的技巧是要快速而準確地切割，而不要碰到大拇指的肉，而這也就是為什麼法式鳥嘴刀特別具有如此複雜之幾何結構的緣故。

註：國際為何取名為「橄欖形刀法」呢？一般削皮大多是由上往下，由內往外削（用刨刀），碰到體積小的食材，手指抓著往外削容易刮傷手，用小刀往內削反而安全。專業主廚會一手拿食材，一手使用小刀從菱角線有弧度削切，下刀刀面朝向自己，依序每一面朝菱角線削切，每一面寬度要一樣，最後成一個橄欖形狀。

---

[*] 「每個人都有能力去指向一個物體。當一名士兵進行瞄準時，他本能地會去對準他眼睛鎖定之物體上的主要特徵。當手指到達正確位置時，來自大腦的衝動會讓手臂和手掌停止動作。當視線被轉移到一個新的物體或特徵上時，手指、手掌和手臂也會朝向這一點移動。正是這種與生俱來的特質，讓士兵能夠運用它來快速、準確地截獲目標。」《美國陸軍野戰手冊》3-23.35：〈M9和M11手槍作戰訓練〉（2003年6月）。

[†] 外科醫生被訓練以「指向握法」來持握手術刀，來切割較長的初始切口，然後使用「捏握法」來進行解剖。標準手術刀刀柄兩側兩個凸起的圓圈，顯示了捏握點的位置。

廚刀的切法

···

　　為了切菜，刀身必須穿過食材。而廚刀的切法則可分為七大類型，其中第六種需要另一隻手來採取「爪按法」的姿勢（詳見下一頁的說明。）。

I. **直切法（Chop）**：整個刀身從上而下垂直移動，與切割表面保持平行。*台灣料理職人偶會稱之為「直刀法」，包括切、剁、砍等動作。

2. **搖刀切（Rocking Chop）**：弧型的前刃與砧板保持接觸，然後抬起刀身的後半段進行下切。這個極有用的動作可以輕柔地運用，例如輕輕剁碎草藥；或者在進行真正費勁的切割時，作為一種保持安全控制的方法——例如在切砍一隻大雞的關節時，通常會將刀身回擺以定位關節，然後用一隻手將前刃按下，並把全部的力道轉移到刀柄上方，以將刀身安全地往下切並穿過軟骨。

3. **推切法（Push Slice）**：讓刀身向前滑動，平行於砧板，允許刀子的重量，或者用手輕壓——將刀子往下推，直到刀身接觸到砧板。這是典型的西式蔬菜切法。

4. **拉切法（Pull Slice）**：以刀跟抵住食材，切入食材後，把刀身一口氣往自己及往下的方向拉切，此時生魚片已切開了。在各方面都與推切法相似，雖然據說生魚片廚師在切割動作結束時，不會允許刀刃接觸到砧板。

5. **火車頭切法（Locomotive）**：為了快速地切蔬菜，刀身被往前推送，然後推到一半就往回、往下拉，使刀身接觸到砧板，然後再次抬起。這是一種圓形的切菜/切片動作，前臂所做的動作就如同火車引擎上的活塞一般。*台灣料理職人偶會稱之會「拖刀法」。

6. **鋸切法（Sawing Cut）**：如果你拿著一把鋸齒狀的麵包刀去為一些不新鮮的麵包切片，這樣鋸切是沒問題的。但如果是用任何其他類型的刀子來鋸切，因為那些刀子通常不夠鋒利，必需得先停下來把刀子磨利。

以上以上1～6的切法皆是關於垂直切法的描述，上述切法都可以在刀身與砧板呈不同角度時實現。

7. **水平切法（Horizontal Cut）**：在西式烹飪中，水平切法並不常見，而它們也是其中唯一一種不會運用到「瓜按法」的切法。將洋蔥切丁時，需要先進行幾次局部水平的切割，也就是一面小心翼翼地以指尖將洋蔥半推到砧板上，一面讓手的其他部分懸空並遠離刀身，以防不慎切到手。

另一種主要的水平切法是極其危險和孤注一擲的「最後一片」切法，通常是用手掌把一塊麵包或肉壓平到砧板上，然後以手指施力輕按，但不用力壓下的方式，入刀後同時上下推拉食材，最後再從手和砧板之間切出。

　　我意識到，即使在最好的廚房中，仍會遇到一些場合，會有最後一片食材必須被分成兩半，但是對我來說，這種特殊的切法有太多會讓刀子恐怖地滑開的可能性。使用中式菜刀時，通常會搭配一種架高的砧板，在這種砧板上進行水平切割時，指關節會有較多擺放的位置。因此，在中國廚房中，水平切割會更為安全、容易，也更為常見（參見第76頁）。

瓜按法 The Claw

．．．

　　一般人很自然地會認為廚刀是一種「單手操作」的工具，實際上，所有切法都需要另一隻手的輔助，會由另一隻手將食材推向刀刃，並在切菜過程中固定住食材。與持握刀子同樣重要的是「瓜按法」——用手指的尖端和指甲的背部來固定住食物，並且以「第二指節骨」*創造出一個平坦的垂直表面，使刀子的表面能沿著它滑動。這樣做時，指尖會朝向手掌捲起，意味著在正常使用下，刀子不會切到手指。以「瓜按法」來輔助，表示你可以一邊用指甲輕輕將食物推向刀子，一邊做出非常快速的切菜動作——如同廣受喜愛的電視主廚們施展精采炫目的切洋蔥特技那般。

　　請盡可能多多練習「瓜按法」，倘若你多餘的那隻手沒有採取這種奇怪的姿勢，即使是世界上最好的廚刀，也是容易切到手的。

＊　從指尖往下算，你的手指共有三節指骨——上指骨、中節指骨和末端指骨。

關於刀具材質

刀具製造最基本的形式開始於自然生成的岩石。 在沉積岩地區發現的燧石和黑曜石皆屬於脆性岩石，由於它們的分子結構所致，會破裂成典型的貝狀或「貝殼狀」斷口。* 若是將幾塊石頭猛裂地相互撞擊，你將會看到石頭上破裂的邊緣是如何共同創造出鋒利的要命、天然鋸齒狀的刀體，鋒利到足以用來輕鬆地切割生肉或雕刻骨頭和木材。由於最早的人類開發了用燧石來打製石器的技術，各式各樣的文化中創造出許多形狀越來越精緻和優雅的石刀，但是石刀的刀刃則是原始、天然的斷裂所造成的結果。

石刀的刀刃無法以拋光或研磨的方式來加以改善，至少石器時代是沒辦法的，而且，雖然一位酋長把他那把優雅、高度鍛造的刀具塞進自己的羚羊皮帶裡，看起來可能會讓人印象深刻，但實質上用那把刀來執行任務，永遠不會比用剛剛破裂開來的岩石來得更好。然而，最早的工具製造者已經在創造那些在某種程度上「美觀」比純粹的功能來得更加重要的刀具了，而上述事實必然意味著，那些製造者們已經開始將更多抽象的價值灌輸在刀具上了。

銅刀和青銅刀是在人們發現如何使用銅和青銅等原料時出現的，這些最早的金屬之所以容易於萃取和精煉，是因為它們的柔軟性。一塊柔軟的金屬可以製成一個輕巧的箭頭或一個耐用的刺人武器，但是沒有比把它拿來當作工作用的刀刃更令人絕望的事了。即使人們曾經創造出青銅器來，但是當時用來切割肉類的最佳器具仍然是一把燧石刀。然而，**隨著鐵的出現，我們開始看到有刃的刀子的真正潛力。**

從礦石中提取鐵的過程被稱為「冶煉」，包括將礦石加熱、熔化和去除雜質。這是以岩石開始，並以粗金屬結束的基本製程，但它只是能以無數種方式改變金屬質量的一系列動作的開始。冶煉過的鐵有時被稱為「生鐵」，是堅硬的，可以被鑄成各種形狀，但是它卻非常脆。你可以用鐵來鑄刀，但是如果把它扔在某個堅硬的表面上，它可能會破裂。

---

*　此種模式是由衝擊波所引起的，就如池面上的漣漪般，衝擊波是從衝擊點開始移動的。由於溫度變化所引起的岩石破裂通常會發生在平坦的岩層裡，岩石中出現的貝狀斷口通常被認作是人為干預的指標。

而在另一方面，鋼是一種含有高達2%碳元素的純鐵合金，強硬而富有彈性，它具有延展性，意味著可以被壓製成形而不會碎裂；也同時富有韌性，意味著它可以被拉伸成形，且不會斷裂。一把刀子中最重要的品質是它的抗折斷性、刀刃的鋒利度、刀刃能維持多久，以及刀刃有多容易重新磨利。也許就功能而言不太重要、但是對主人來說同樣重要的，則是刀子的耐腐蝕性和美觀性。

　　藉著改變含碳量，便有可能順著硬度、彈性和可加工性的連續體來打造鋼材。將鋼與少量的其他金屬打造成合金，亦可改變它的顏色和耐久性。

　　鋼和鐵皆可被鑄造，將它們加熱熔化後澆注到鑄模中待其凝固；或者它們也可以被鍛造，就是將一塊金屬加熱直至變軟，然後藉由壓力或擊打來迫使它成形。用來製造刀體的粗糙部件可以被加熱成熔態金屬模製，也可用錘子敲打熱金屬塊，並以大的滾筒將其擠壓變平，讓其像麵條一樣伸展開來，甚至如白熱牙膏那樣地從一個有形狀的洞中被擠出來。這些技術中的任一種，都會改變原始材料的某些特質，各種熱處理方式亦是如此。事實上，鋼材雖然隱喻著永久性、堅固性和純度，但是在其參數範圍內，它卻是一種無限可變的物質。

　　來看看一把機器製造的刀子，例如第52頁中的三叉牌Dreizack經典4584/26刀。一個含有精確比例的鉻、鉬和釩合金及洛氏硬度56的實驗室測試結果的鋼坯，因其物質方面的優點而被精心挑選出來。它是被一些力大無比的巨大機器所鍛造，被電腦引導、流程設計精準至微米的研磨機所磨削。熱處理將被控制到百分之一度，而完成的刀體則將以難以想像的高標準來進行測試。

　　如果你像我一樣對技術很感興趣，那麼刀子則是能夠表現出人類科學、設計和技術所能達到之頂峰的物品之一。握在手上，就等於掌握了上述所有。就像一個替代性的人工關節或一架價值百萬美元的噴氣式戰鬥機中的引擎部件一樣，來自生產線上的每一把刀都是相同的——這些是世界上最華麗的刀具之一，效率高超，並且適用於外科手術。

　　傳統中所製作的刀具。用來製作利刃的硬鋼像三明治一樣地被包裹在更軟、脆性較低的鋼材中。約一個小時左右，某個男人就在不比自己腦袋複雜多少的電腦的引導下，把它給錘平了，他的「模式」即是經驗。是藉由判定金屬發光的顏色，來對熱處理的溫度進行控制，他將不斷地敲打那個如熱三明治般的金屬，直至各層之間形成分子變化，爐中的碳將與金屬表面結合在一起，而金屬之晶體結構的某些地方將在他的錘打下被重新校準。這把刀永遠不會進入任何實驗室，也沒有人會把它的材質視為像「CroMoV鋼」一樣地均質化。

熱處理 HEAT TREATMENT

．．．

　　傳統上，「熱處理」是將金屬放入鍛造爐中加熱到正確的溫度（經由顏色來判斷），接著將其放入水或油中進行「淬火」。這種粗加工法便於用在硬化鋼材或鑄鐵上。實際上在發生的是：金屬的微晶結構正在發生改變，這種改變能以更精細的方式來達成。將金屬保持在一定的高溫下並維持不同的時間長度，或精確地控制冷卻速率，能以更精細的方式來改變金屬的質量。

　　我參觀了一家現代化的熱處理廠，去看一些待處理的刀坯。那是在英國德比市（Derby）外一個工業區中的一家低矮的小工廠，從外頭看來很不起眼且廠名不詳，但是，是一罐罐濕淋淋、陳舊生垢而熾熱的氰化物鹽罐排列著，鏈條從天花板上令人毛骨悚然的鉤子上懸垂下來，如噴氣引擎的口子般經久不斷地震顫嘶吼，裡面宛如一片中世紀的地獄景象。然而，在這裡任職的並不是汗流浹背的魔鬼或打著赤膊的狗頭人，而是一位名叫西蒙的好傢伙。西蒙解釋說，在這裡，他們幾乎可以用任何金屬來製造出任何事物，藉由將這些熔鹽罐中的金屬加熱至數千度，他們可以將組成物的化學成分和分子結構控制到令人難以置信的公差。

　　「你認為這是什麼？」他問道，並丟給我一個鈍鈍、無光澤的灰色金屬蘑菇，而它有著令人費解而不安的重量……」他說：「一旦螺絲被轉變成這樣，它就會成為壓制核廢料運輸容器之蓋子的螺栓了。」

　　我們的一堆刀坯在空罐中被徐徐加熱至約500°C。「先來個溫水浴，讓它們逐漸習慣這樣的做法，」西蒙說。之後，再將刀坯放入約1200°C的熔鹽浴中10分鐘。我們會看到有小小的微粒在那表面自發性地閃爍，真的非常漂亮，但那樣的溫度也是我從未體驗過的，那種熱度的展現，讓空氣感覺變得太過於固體，令人無法呼吸。西蒙把刀體拿出來並將鹽抖淨，讓刀體像釣竿上的活魚一樣在工廠的地板上跳動，然後將它們小心地放入一個巨大的黑油罐中；黑油惡毒地翻騰著，使刀體冷卻。

　　或許，這可能不是小規模的製刀師傅們昔日的工作方式，但是他們正開始進行實驗。想像一下一把可以彎離中心幾公分、又可直接彈回去的主廚刀，再想像一把無比堅硬、不需要厚重刀脊的刀片，這些可能性皆十分令人激動。

而它的硬度最後也不會以洛氏硬度量表來衡量，而是由把它帶回家的廚師來估量。如果手工藝讓你感到興奮，那麼刀子就是其中一件能代表整個文明創造力和獨創性的演進事物，甚至是個別藝術家技藝的展現。這些刀子是世界上最美麗的其中一些刀具，沒有任何兩把在任何層面上相似，使用上極富挑戰性，且需辛苦地保養，然而它卻有令人驚嘆的美麗。

　　目前，全世界的手工製刀具已經大規模地復甦——不僅僅如人們所預期的，只在日本復甦。美國的巴布·克萊姆（Bob Kramer，見第61頁）或英國的喬爾·布萊克（Joel Black）等刀匠，或是像狗屋鍛造廠（Doghouse）或布萊尼姆鍛造廠（Blenheim Forge）等的企業集團，正在推出令人驚嘆的刀具，它們充滿了個性，氣概非凡！

　　在使用上，很難在一把有著令人敬畏的科技製造技術與精密度的刀具，和手工製造的刀具的精巧工藝之間進行選擇，但是我想要更加深入地了解製程。我需要去做一把刀。

關於刀具製作

製作刀體，起始於一堆鋼片，例如厚鋼箔（thick foil）。你可以用直刃刀和史坦利美工刀（STANLEY）來將鋼片切割成型，我們會計算鋼片的數量，然後小心地將它們堆疊在一根鋼條的末端，以小型焊槍快速地噴幾下後，鋼片就會大致縫合在一起，就像一個法式千層酥黏在一根棍子的末端似的。

在工作室外面，一個傷痕累累的工作台旁有一台鍛造爐，是以舊瓦斯筒做成的，以金屬腳架架起，它的頂部已被鋸掉，內部則以厚厚的礦物棉毯作為襯裡。有一條瓦斯管連接到調節閥上，從瓦斯筒側面的孔洞將瓦斯推送入鍛造爐中，瓦斯一開轟轟作響後，幾分鐘內，鍛造爐就會開始發熱，像一個咆哮的嘴巴有節奏地發出介於橙色和白色之間的迷濛熱霧。我將層壓的金屬堆推入鍛造爐中，設法將它移動至靠近火焰處，很快地，它也熾熱發光了，所以我又把它抽出來，並在那發光的尖端灑上硼砂，然後再將它推回熱爐中。* 硼砂融化並且起泡了，而經過幾次噴灑後，我們再把熾熱的金屬塊放入壓鍛機中。

本質上，壓鍛機是一個液壓撞槌，也就是你看到的那種能舉起傾卸卡車之載貨廂或舉起挖掘機之怪手的東西。在液壓撞槌周圍焊接了一塊方形截面的鋼樑，因此撞錘的全部壓力，都將用於把兩個鋼塊壓合在大約像巧克力一般大小的區域內。

這種尺寸的液壓撞槌可以很容易地將一輛大型汽車抬起來放在卡車上。那麼它對於一個無法移動的表面所能施加的壓力之大，就可想而知了。想像你的手指被困在那裡……不，也許不會。但是它所造成的壓力肯定足以開始把那些熾熱的金屬板擠壓在一起。每次驅動撞錘，都會把金屬板壓得越來越緊，直到它們開始成為一體。我們會把金屬從鍛造爐中抬舉到壓鍛機上大約二十次，撒上硼砂，並用撞槌的整個力量再次壓擠它。

---

* 硼砂（Sodium tetraborate）是一種硼酸鹽，一般用作助熔劑。它能降低氧化鐵的熔點，使其能夠燃燒掉。未精煉過的硼砂有時被稱作「tincar」，有「tinker」（銲鍋匠）這個字的意思，意指一個流動的洋鐵匠。硼砂也被用來當作保存食物的鹽，也可能曾被用來當作保存某些法老王屍體的「泡鹼」。

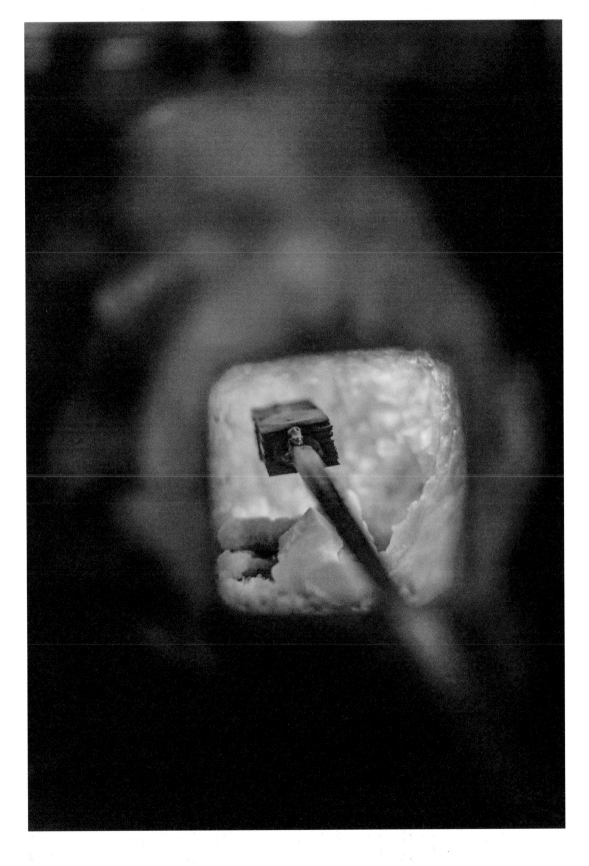

現在，這個金屬三明治已經成為一個均勻的金屬塊了，而手工鍛造也可以開始了。我們將金屬放入火焰中，直到它瘋狂地發光發熱，然後將它抬起來放到鐵砧上，並且用一個短短的大錘來狠狠地擊打它。

在今天之前，我曾經認為熾熱的金屬應該是有彈性的，也許會像硬塑料粘土一樣具有黏稠性，但實際上，它仍是硬硬的。這種水平的熱度只能使金屬稍微軟化。從本質上來說，你只是在對著比鐵砧那硬硬、冷冷的金屬稍微柔軟一些的東西哀號，但令人格外顫慄的是，在這樣的溫度下，燒熱的金屬其實能在微秒之內燒穿衣服和肉體。從好的方面來看，捶擊金屬的過程很難出錯：錘子任何一次單一的擊打皆不足以真正地搞砸你的刀體。而在另一方面，一次又一次地重複同樣的捶擊，則足以使人精疲力竭。

我不是一個矮小的人；事實上，我的個頭可能比一般刀匠還大，但是敲擊到20下左右時，我幾乎就已經很難再揮動錘子了；我的前臂會開始抽筋，我的肩膀也酸痛不已。後來，專業人員介入向我展示該如何讓錘子下落——只需輕輕地引導錘子，讓它自行反彈回來，並且只在揮動錘子的頂點施加最小的力氣即可。

用這樣的技術，就可能持續錘擊更長的時間；我估計在刀體大致成形之前，我們需要進行大約200次的錘打。

現在，我們將熾熱的刀體放在油中淬火，這是一個使刀子略為凝固的過程，接著，我們用簽字筆在刀體上依照硬紙模板畫出刀型。使用一把帶有長柄的大型剪切機來進行槓桿作用，然後為錘打過的刀體剪去多餘的碎片，創造出正確的「輪廓」。現在，是時候把刀體帶到轉輪上了。

輪子的直徑約為1.5公尺，厚度為15公分（6英吋），被安裝在一個木框中，一半的輪子被裝入框架裡，輪軸上還配備了一個強大的電動馬達。啟動引擎超過五分鐘後，它就會達到應有的轉速。輪子的重量只比我的體重少一點，而現在它的轉速為每分鐘7,000轉。當電源被關掉時，需要將近15分鐘才能讓輪子停止轉動。如果輪子從軸承上脫落，它會撞毀它對面的磚牆（可能還包括兩座相鄰的房屋）。我必須儘量伸直手腳，扒在外胎和輪子上。

一道噴水冷卻了表面，並且抑制了灰塵，但是面朝下趴在一個如此強大的東西上，並將鋼鐵塗在它的表面、距離你臉部幾英吋之處，是一件非常可怕的事。慢慢地，在一陣水、蒸汽和火花中，刀體開始成形。同樣地，這個過程非常緩慢。由於金屬是被慢慢研磨的，所以不把事情逼得太緊是很容易的。

比我技術更熟練的人還可以對這刀體做更多事情，不過它現在看起來很得體。它是個醜醜的東西──黑黑的、無光澤、表面粗糙而未加修飾，但是這裡還有別的東西，其他更強大的東西。在過去的幾個小時內，我看到數千焦耳的能量被倒入這塊金屬中。數千度的熱能、幾噸的液壓和幾次百的錘擊，使我的上半身幾乎完全精疲力竭了。當然，我懂得足夠的物理學，足以準確地解釋能量是如何傳播的，然而它的感覺依然留駐在刀體中。彷彿就像如果我能找到合適的開關，所有這些力量都可能會回流並且散發出來，就像某種烹飪用的光劍一樣。

　　這是一個奇怪的啟示。我們通常會用機器來製造汽車引擎或手錶，通常是在工廠以遠端搖控的方式來進行。但手工方式鍛造刀具則是一段原始的過程，牽 其中的是一股清楚確的努力；手工鍛造便是以一種奇妙的方式，去容納和存儲那份努力。

　　目前在刀具愛好者中所流行的時尚是「大馬士革鋼」（Damascus steel），它是由多層金屬製成的合金塊所鍛造而成，可以在拋光和蝕刻時，創造出華麗的紋理。由於我是「形隨機能」的嚴格倡導者，因此過去我很好奇為什麼要費心為刀體進行大馬士革拋光。層壓在刀劍的製造上是有其用處的──重要的是你的刀體得堅固到兩刀相擊時不會破碎──但是當你的對手只是顆番茄時，大馬士革鋼就只是一種矯飾了。不過現在我的看法不同了，大馬士革鋼刀體向世界展示了它在製造過程中經歷了些什麼：為了製造這種刀體而將65塊鋼板擊打在一起的努力是很明顯的──展現起來也非常美麗。

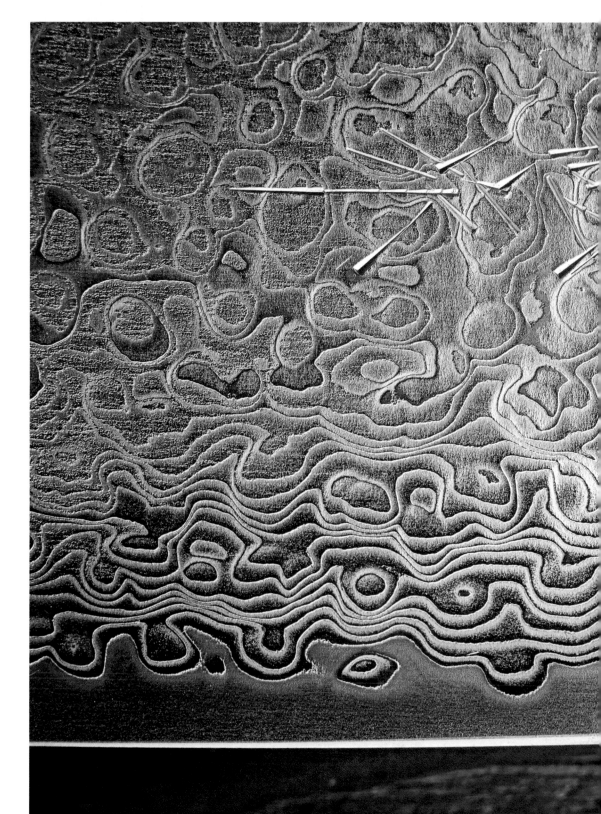

關於刀匠職人

喬納森・瓦肖夫斯基（Jonathan Washawsky）、詹姆斯・洛斯-哈里斯（James Ross-Harris）和理察德・華納（Richard Warner）被合稱為「布萊尼姆鍛造廠」，他們是既專注於製造烹飪刀具、同時亦自行鍛造金屬的少數幾家英國刀具製造商之一。* 或許，有些事情，例如在漫長的日子裡，反復地狠狠打燒熱的金屬，會扭曲你對時間的看法，但是，刀具製造商與世界上其他地方的工作時間似乎不同。在我們的會議開始前，還有相當長的一段時間。喬納森首先大步跑進來，他曾經在宣揚與研磨機一起工作之人的影片中被報導 —— 那是混合了油、污垢、金屬粉塵和鐵鏽的工作。

我問他們是怎麼開始做刀的……

喬納森：詹姆斯和我住在同一棟房子裡，當時我們手上有些空閒時間。我們便開始做這些DIY工程。我想你會把它們認為是：花上許多週末時間，只為了消磨時間。我們曾經把微波爐改裝成電焊機；我們曾做過肉品煙燻機、燒烤機；我們也曾在花園裡做了個熱水按摩浴缸。當時，我正在攻讀哲學博士，我花了很多時間在電腦或書本上。如果你花太長時間盯著螢幕，通常會有點手癢。所以，我想當時我實在需要從那種連續不斷的思考中獲得某種紓解。

進行各項工程的空檔，我們會在網路上、YouTube上瀏覽很多內容。如果上週你試著製作燒烤機和焊接機，YouTube將自動推薦你：「何不看看這個視頻？何不自己製造刀子？」我未必會以此為榮，但，是的，這就是它發生的方式。我們並非一開始就有自製刀具的想法。我們看了視頻，並認為這可能會是個有趣的項目。

當時我是一名木匠，在從事家具回收工作 —— 他們稱之「升級再造」（upcycling）—— 而詹姆斯則是一名焊工。當時在我們所從事的工作中，往往需要許多，不太可能自行設置的昂貴工具或機器。但是製造刀具感覺就像你只需要一個鐵砧、一把錘子和火就可以開始進行了 —— 或者我們是這麼想的。因此，某個星期天，我們把從佩克漢市場（Peckham market）搜括來的許多舊銼刀和一些廢鋼片，然後我們將它們攤平，試著製作一個大馬士革鋼坯。

對於那些曾經花時間圍繞在刀匠身旁的人來說，這是一個幾乎荒唐可笑的天真

---

*　…而不是從專業供應商那裡購買預先鍛造好的「毛坯」。

想法。大多數人在夢想自己能應付大馬士革刀體的複雜性前，會花上幾個小時愉快地談他們花了多少時間將廢金屬敲打成為粗糙的失敗刀片，但是對布萊尼姆男孩們來說卻不然……

我們所做得研究遠遠不夠，也不知道問題的錯綜複雜。我們對任何事都一無所悉。我們用了錯誤的方法、錯誤的溫度，但是由於某種原因，在做了所有錯誤的事情後，我們卻得到一把完成的刀。它真的不應該發生的，然而那卻給了我們動力。

因為很容易就做成了，於是我們便想，「哦，讓我們來做一整套刀子吧！」，並開始考慮不同的尺寸。我們在家裡做了鍛造爐，也做出一個小鐵砧，然後我們花了大約一年多的時間試圖再現那最初的成功，然而卻總是徒勞無功。我們會說，「好吧，我們再來試試不同的溫度。」，其實恰恰僅是我們所焊接的第一個鋼坯給了我們一種「哦，做這個真的很容易！」的感覺。

那是一次令人驚奇的意外走運。如果第一次的實驗失敗了，那麼他們就可能會接著改做釀造或湯匙雕刻，但是刀具製造其實已經讓他們深深著迷了……

我們可能再也不會去嘗試，或有可能試個兩次、三次以後說：「不，這太複雜了！」接著就繼續去做其他東西了。但是，當你第一次就做成功時，你知道自己是可以做到的；就是這麼簡單。「花一個小時就可以做出一把刀」的瘋狂信念，造成了我們整整一年的挫折。最後它讓我們步入了一種非常黑暗的境地。我們會把一個鋼坯準備好，然後去上班；回家後，甚至連衣服都沒換就直接飛奔到花園去點燃鍛造爐，去嘗試，去焊接。很可能會失敗。然後我們會倒頭大睡，做一些鋼鐵起火燒毀的惡夢。到後來，所有的學習重點，完全都轉移到砰砰地敲打金屬上了。

詹姆斯和理查德進入了咖啡館，他們對於打扮整潔的客戶們所表現出來的驚愕渾然不覺。他們近來忙著將一個巨大的動力槌搬到他們新的工作室裡，坦白說，他們讓喬納森相形之下顯得格外乾淨。

詹姆斯：實際上，後來進行得非常成功。原本可能會變得更糟的。

理查德：其實很簡單。

喬納森：我很早就離開木工工作了，但是在我們搬進工作室之前還有一段空窗期，而搬進工作室後，也有一段時間它還沒辦法……我們還沒辦法販賣任何東西。我記得，那時我們開始把刀具做為禮物送人，是的，有很長的一段時間，我們都不覺得我們的產品好到足以賣給別人。它們很長時間都被當作禮物，而他的表姐，也就是我媽媽，也得到了一把刀。

詹姆斯：是的，然後我們在「如果自製的刀具出了什麼差錯，基本上我們會將

它們替換為在地產品」的前提下，試圖開始銷售它們。我的意思是，你無法一開始立即就製作出好刀。你沒辦法才做了一兩把刀之後，突然就生產出很棒的刀子，這是需要大量地練習製造刀具的。我們現在的狀態比之前好多了，製造的速度也快得多，所以代表它是行得通的；但是在以前，製造每把刀的時間長很，而且還有一些大規模的學習曲線需經歷。

理查德：一開始，某種程度上只是工具的問題。如果我們從第一天起就花上20,000英磅來購買工具，成功就會更快地發生。

詹姆斯：但那不是製造刀子的最佳方式。我想我們採取的過程可能會讓我們學到更多東西。若非如此，我們不會知道對於初學者而言，什麼才是正確的工具。

喬納森：回顧過去，如果我們直接去向某人學習製刀專業，可能會省下很多時間，但是我們卻學著自己去摸索，而擁有這整個實驗過程。那意味著我們有能力識別出可能會犯的錯誤；因此我們也享有某種優勢，因為我們之中沒有任何人真的急需這項事業這麼快就獲得成功，或者我們沒有……我的意思是，我們住的地方租金很合理，諸如此類的……

詹姆斯：對啊，成不成功真的不要緊。工作室的租金相當便宜，第一年我們銷售刀子的收入就足夠支付賬單了，其餘的錢則投資來購買工具。我們仍擁有我們的兼職工作，所以成功與否就像是沒關係似的。在我全職投入這項事業之前，我每週都要兼職做三天的焊接工作。然而到我們真的開始賺錢時，我的存款已經差不多耗盡了。那意味著我們得開始付錢給自己，而不是再去購買更多的工具了。

喬納森：……我想，必須開始「有機增長」（organic growth）。

房間裡有夠多的雷鬼頭，我覺得可以問一個令人不安的「新時代」問題：刀子究竟有沒有像靈魂這樣的東西呢？

詹姆斯：我會說每一把刀全都不一樣。這種不一樣始於一開始時，每次錘擊都是錘打在一個稍微不同的地方，然後當你研磨刀體時，你也會檢視它最重要的部分在哪裡，如果那錘擊有所不同，那麼你就必須針對那差異來進行調整。而在這個製程的最開始，當你在壓力機中擠壓鋼材時，實際上就影響了它最終的結果。所以，那些最初的敲擊和擠壓決定了一切。我們已經大大地改變了我們的製程，實驗了一些不同的東西，但結果肯定也是不同的。那是一段漫長的學習歷程，但是我認為，目前我們已經達到所製造出來的刀具皆能一貫地保持精良的階段。

那麼，他們的共同作品是否有發展出某種特殊的風格呢？

詹姆斯：我想我們對自己希望刀子長成什麼樣子，總有一種模糊的想法：不需

要華麗的刀柄，而是非常簡約地，聚焦在刀體而非任何其他東西上。

它們是日式風格的，但是我們不會假稱自己是「日本刀具製造商」。我認為大馬士革技術在世界各地都存在著，* 我不知道這是如何發生的，但在最近的歷史中，這種技術已經變得和日本有所關聯。

喬納森：刀體的形狀、磨刀的角度、還有刀柄，這些東西都受到日本的影響。

詹姆斯：嗯，還有鋼的種類也是。

喬納森：鋼鐵……是的，像是鋼鐵的硬度，諸如此類的東西，皆受到日本的影響或啟發。

眼下，就有一個已經排到幾個月後的隊伍，在等待一把布萊尼姆鍛造廠所鍛造的刀具了。名流們正在訂製布萊尼姆刀具，媒體也捕捉住三位髒兮兮卻非常上相的年輕人製作出漂亮刀具的無比魅力。我好奇你們之後的計劃是什麼？……是電視、零售、授權交易，而「出場機制」又是什麼呢？

喬納森：更多的刀子。

詹姆斯：我想就是繼續前進，堅持下去。有人有任何其他計劃嗎？

喬納森：沒有。

理查德：不完全是這樣吧。

詹姆斯：我們會堅持繼續製作廚刀一段時間；我想，這就是我們愛做的事。

理查德：……就是，在某種程度上，建立聲譽並且好好地維護它。

詹姆斯：我想是的。我們還在學習很多東西，肯定會不斷前進，每一天，每一週，我們都在持續改進。

---

* 「大馬士革」這個名字有著複雜而奇特的根源。它最初是敘利亞大馬士革的一種金屬製品的樣式，採用從印度進口的「烏茲鋼」（Wootz）所鍛造而成。這種鋼材是經過一種神祕的製程所精煉出來的，現在已經失傳很久了，其中包括將鐵礦石密封在粘土坩堝中，並在高溫下燒製。所得的鑄塊是由鐵和各種鋼合金所組成的，並且充滿了雜質，但是這些鑄塊形成了不同層次，既強化了金屬，又賦予它美麗的標記。

現代大馬士革鋼試圖模仿原始的烏茲鋼，將精心挑選的鋼合金堆積成層並在很高的熱度和壓力下將它們壓在一起，直到它們形成類似的「晶圓」結構，這個過程可以更準確地稱作「模式焊接」（Pattern Welding）。壓合起來的金屬坯料可以被扭曲、切割、猛擊、折疊，要不然就是仿古壓印（distressed），以鍛造出各式各樣的圖案。冶金學家不斷地嘗試模仿烏茲鋼，卻未取得多大的成功，因此，在他們做到之前，我們將不得不滿足於我們自創的，美麗的「大馬士革」刀體。

左上：喬納森・瓦肖夫斯基

右上：詹姆斯・洛斯-哈里斯

左下：理察德・華納

THE KNIVES
世界各國的廚刀

關於廚刀

．．

　　無論是在一個刀具包、一個工具箱裡、一個刀具架上，或被塞在抽屜裡，你的刀具組都不僅僅是它各個部分的總和。它們可能是從其他廚師那裡繼承或順手牽羊來的，也可能經歷了麻煩而昂貴的購買手續。無論你是如何取得那些刀具，你的刀具組都在積極地進化。一把無用的刀子會被扔掉，一把損壞的刀子會被丟棄，或被小心翼翼地修好、回到生產線上。你可能會痴迷地研磨他們，或者感受到一種持續、嘮叨、低級的內疚，說你真的應該找時間做一個「維修點」。隨著你的技能不斷進步，你將不會再耽溺於那些舊愛，而會渴望新的刀具，並且最終取得它們。難怪人們會對他們的刀具列感到痴迷……那即是關於他們個性的快照，準確得令人毛骨悚然。

　　套組中似乎總會有一把主刀，也就是最常在你手中的那把刀。基於歷史悠久的法國樣式所打造的經典主廚刀，是我們烹飪傳統中的主刀。這是很合理的，因為大多數高品質的西式廚藝——至少就正式培訓時來說——皆是以法式為基礎的。一位現代廚師將能拿起奧古斯特*（Escoffier）的刀具並且輕鬆地使用它，如果他能把其中一把弄到手，他一定會對這個當代版本非常滿意。

　　弧型的刀體是以搖刀切的方式來切碎肉和香菜，刀身的長度足以將厚片的蛋白質切成薄片，刀柄的位置較高，因此切菜時指關節不會碰觸到砧板。讓廚師們引以為傲的是，他們只需用一把刀，就可以在廚房做幾乎任何他們想要的事。也許並不令人驚訝的是，當一個人把自己界定為一位認真的廚師時，「購買一把主廚刀」將會是他的首要任務。當然，你媽媽原就有一些刀，學生時代你也可能就在骯髒的廚房裡用過一兩把刀，但是當你外出刻意地灑下50英鎊（約2000元台幣）或者更多錢來購買一把廚刀的那一天，便是你向世界宣告「我不僅僅是個做晚飯的人，現在更是位廚師」的那一天。

　　英國烹飪作家伊麗莎白・大衛（Elizabeth David, 1913-1992）經常被認為是戰後在英國重新推動烹飪專業化的一大功臣，她認為刀具就是認真對待烹飪的關鍵元素。儘管不鏽鋼的廚刀隨手可得，但是她更喜歡法國最受歡迎的省級碳鋼（provincial favourite, carbon）——更柔軟、也更容易研磨。許多年長的廚師們仍然

---

*　喬治斯・奧古斯特・埃斯科菲耶（Georges Auguste Escoffier, 1846-1935）是一位法國名廚、餐館老闆和美食作家，亦是傳統法國烹飪方法的主要推廣者之一。

對大衛式的賽巴迪刀具（Davidian Sabatier）情有獨鍾，他們曾經用那個品牌的刀具探索過大蒜、橄欖和檸檬這些食材——刻意地忘卻掉那種刀具會像蠢蛋一樣生鏽、並且讓檸檬變成黑色——而經過60年熱切地研磨後，能夠倖存下來的其實相當少。

如今，專業主廚刀在德國製造的可能性比在法國更高，三叉牌和雙人牌是該領域的兩個主要競爭同業。以科學方式製造的專業主廚刀非常精美，因此，個人「手工藝」製造之概念，似乎顯得遙不可及。科學製造之效率是高超的，所完成的製品是如此完美無瑕，似乎無法想像會有某個人 入它們的創作中，也就是說，以一種奇怪的方式，科學製造能讓人放心。這些刀子如我所搭乘的飛機上的一些組件一樣地光彩奪目，我有點不想相信它們竟是被一個拿著錘子的傢伙所敲打成形的。

刀具架中次要的刀具是那些能做大型刀具所不能做之事情的刀子。剔骨和切魚需要更薄、更具彈性的刀片，並且通常會有一把刀專門設計來用在完全不同類型之切割——這種「朝向姆指」削切的刀具非常適合用在蔬菜上。一把20公分（8英吋）的刀子不可能像轉削刀這樣子揮動：較深的刀喉能讓指關節不觸碰到砧板，並可使刀刃朝向完全相反的方向。

在廚藝學生今日的標準刀具組中，可能會包括一把主廚刀、一把剔骨刀、一把有彈性的片魚刀、一把削皮刀和一把轉削刀。

除此之外，大多數廚師都積攢了一些「特別的」刀具。一些獨一無二的特別刀具因為把某件事做得太出色，而令人無法忘懷。受過經典訓練的老派職業好手們通常會有幾個挖球器。糕點廚師身上的這些湯匙形刀具經常被偷走，因為它們能快速地為蕃茄和黃瓜去籽。我是「香料羊腰子」*（devilled kidney）的忠實粉絲，所以我保留了一對鎖定剪（locking forceps）和一把10a的解剖刀，以便有效地為羊腰子剔除騷筋。

套組中的最後一件事物將會是一把舊的最愛。一把已經鞠躬盡瘁、操勞過度的刀子，按理說，它實際上應該很多年前就可以退休了。但是很難……真的很難……向你曾經喜愛和使用過的工具告別。那是一個你已經習慣使用、並已把它塑造成特定形狀的工具，一把能給予無可挑剔之卓越服務的刀子。

總會有那把獨特而經驗豐富的老手刀具，因為雖然所有工具都講究效率、功能和適用性，但是刀具是有額外的情感向度的。這是我們的刀具需要我們關心的部分，也是讓我們感到自豪的部分。

---

*　香料羊腰子是一種維多利亞時代的典型早餐菜色，現在主要於午晚餐時食用。

法式廚刀

CHEF'S KNIFE 主廚刀

UTILITY 工具刀

PARING 削皮刀

TOURNÉ 鳥嘴刀

FILLETING 片魚刀

CLEAVER 大型切肉刀

BUTCHER 屠刀

日式廚刀

HANKOTSU剔骨刀

PETTY水果刀

SANTOKU三德刀

GYUTO牛刀

USUBA薄刃

DEBA出刃

YANAGIBA柳刃

WESTERN KNIVES

西式廚刀

CHEF' S KNIFE 主廚刀

刀身長度：200公釐（8英吋）/260公釐（10½英吋）
總長度：330公釐（13英吋）/450公釐（17¾英吋）
重量：222公克（8盎司）/340公克（12盎司）
製造商：三叉牌（WÜSTHOF）
材質：洛氏硬度56的CROMOV鍛造鋼、聚合物
原產地：德國
用途：一般用途

　　三叉牌Dreizack經典4584系列刀具，可能是所有法式廚刀中最令人嚮往的一把。它們寬於標準尺寸，使刀子變得更重，而在刀喉處則有超過一公分的額外餘裕——適合大手的人。像大多數德國製造商一樣，三叉牌偏愛加入刀枕的設計，如此在長時間工作時，就可更加自在地以「捏握法」來握住刀背。

　　這把8英吋的刀是一把華麗而平衡的刀，它讓切菜成為一種樂趣，但是在熟手中，即使是一把10英吋的刀——一個巨大的烹飪「神劍」（Excalibur）——也會像一把「菜刀」一樣，確實就是一個多功能的工具。在單一工作班次時，專業廚師便可用這把刀來切各式各樣的食物，從細切香草、到為雞肉剔骨，再到高速切胡蘿蔔皆可。這把刀的刀背（刀脊）可用來壓碎香草，側面可用來把大蒜拍碎成蒜泥，刀尖也鋒利到足以用來進行精密的外科手術，例如將牡蠣肉從雞腿中剔出。

　　刀身下切的弧度是由手部的擺動所支配的，這是西式切法的關鍵——刀尖很少會離開砧板——但值得注意的是，隨著日式和中式刀具逐漸被接受，西方廚師也開始青睞較寬的刀體，因為它們使「由上而下」的切菜方式成為可能。

BONING KNIFE 剔骨刀

刀身長度：130公釐（5英吋）
總長度：240公釐（9½ 英吋）
重量：99公克（3½盎司）
製造商：THIERS-ISSARD SABATIER
材質：手工製造的碳鋼、
以環氧樹脂進行加壓處理的山毛櫸木材
原產地：法國
用途：為肉類或家禽類剔骨。

　　雖然可以用一般的主廚刀來為牲畜的關節剔骨，但是關節骨對於刀刃來說，可能會太硬了。剔骨需要一定程度的鋸切、「洞眼」手術，並且偶爾會運用到刀身上的槓桿作用。因此，剔骨刀通常較短，而整個刀身也被磨得較窄——通常刀枕會比刀刃更加突出。

　　廚師很少直接處理屠體工作——由於從屠夫取得的肉往往是已經肢解過的，因此在廚師的刀具列中，很少有超過7英吋長的剔骨刀。這樣就足以讓你把牲畜關節和家禽類切割處理好以供烹飪了。屠夫所使用的、可用來處理其它部位的剔骨刀（參見第143頁），則有更驚人的尺寸和無限的多樣性。

　　這把廚師的剔骨刀應該能夠將羊腿的大腿骨拆卸下來，而不會對羊肉造成太大的附帶損害，而剔骨刀的刀身則具有足夠的韌性，使得堅韌的肌腱能被刀前刃所切斷。然而，可以用來「劈」羊腿的刀片，也將適用於從雞肉中剔出牡蠣肉，或是將標準的肋骨烤肉切割成形。

　　這是一款有著玫瑰木刀柄的碳鋼Sabatier刀具。它的刀柄是採用樹脂浸漬的，因此壽命會比老式的漆器木材長得多。*

＊　將老舊的木質刀柄豎放在一罐食用油中過夜，便可讓它們恢復活力。

FILLETING KNIFE 片魚刀

刀身長度：150公釐（6吋）
總長度：250公釐（10吋）
重量：110公克（4盎司）
製造商：THIERS-ISSARD SABATIER
材質：高碳不鏽鋼、
以環氧樹脂加壓過的山毛櫸材
原產地：法國
用途：切魚或為肉類、魚類或家禽去皮。

餐廳通常會提供大型魚類的預切魚片，因此廚師只需定期地把較小的魚去骨切片。對較小的魚來說，使用有彈性的片魚刀來切片最為適合。有彈性指的是刀面可沿著肋骨下切而不會浪費魚肉，也幾乎不太容易把軟骨切破。以同樣的技術，將刀面彎曲，使其抵著廢料，意味著有彈性的片魚刀也是一種出色的剝皮刀，可以平直地對著肉的表面工作，去掉銀色的魚皮或堅韌的結締材料。用片魚刀來處理家禽肉也很棒，這需要更精細的技術。

魚類從業人員所使用的片魚刀多是屬於不同的等級。現在有機器可以很好地切魚，但是幾個世紀以來，切魚一直是一種手工技能，每條魚都是由受過專門訓練的男人和女人們來個別切割成幾乎不可思議的數量。從海上補魚數週回來的船隊可能會帶來數百噸的捕撈量，必須在數小時內進行醃製，否則魚肉就會腐壞。拖網漁船或鯡魚女孩不會有時間進行像廚師進行那樣子的精心手術，而他們也會採用不同的、更為堅韌的工具。

為了擁有最大的彈性，廚房中的片魚刀幾乎毫無疑問地使用了與刀具列中的其他刀具不同的鋼材所製成。

關於客製刀具

通常人們會認為，一名廚師會透過一把特殊的刀來達到更好的「平衡」或「重量」。實際上，刀子的類型往往也決定了其重量大部分是在刀身或是刀柄中，由於使用刀子時，它是「鎖定」在手上的，所以任何特殊的「刀身造型」，幾乎都不可能改善或加速刀切的動作。刀子的重 實際上並不重要，而刀身的形狀卻很重要，正如我們明確知道的，刀身會配合使用者而作出改變，而使用者也會配合刀身作出改變，這種「技術上」的量身訂製（bespokery）在很大程度上是不現實的，但是個性化的「客製刀具」，卻極富誘惑力。

在英國，我們的刀具製造文化正處於萌芽階段。是的，總會有一些人在那裡為幻想人物或哈比人製作闊刀，但直到最近，極少數的刀匠才開始為廚師們客製刀具。許多刀具製造商本身就是廚師，而他們手工製作的刀子本就是做來供使用的。

然而，在世界上的其他角落，那些具有狩獵、捕魚文化和私人武器所有權文化的地方，刀具製造則更為發達。照片中的刀子是由加拿大安大略省的刀匠吉尤恩‧寇特（Guillaume Cote）為一位漁夫所客製的片魚刀。刀柄是由包覆在樹脂中的松果所製成，經過高度拋光後讓它看起來像魚鱗，而刀柄上的圓頭則形成一個象徵性的魚頭骨。

雖然能用這把刀在船上或河邊進行出色的工作，或為新捕獲的鮭魚去除內臟，但對這於把漂亮且昂貴的刀，這樣的用途實在太奢侈了。人們當然可以花上大篇幅來討論一件工藝品究竟是如何變成一件藝術品的，但是我認為，聲稱這把刀至少兼具美觀和實用目的，會是公允的說法。雖然一些刀具製造商會接受委託為客戶進行客製化設計，但是現在許多刀具製造商更喜歡做出他們自己獨特的風格，進一步將刀具推向藝術品的領域。

在美國，刀具收藏是一種流行嗜好。諸如巴布‧克萊姆或墨瑞‧卡特（Murray Carter）、狗屋鍛造廠、NHB刀具工廠（NHB KnifeWorks）、切爾西‧米勒刀具廠（Chelsea Miller）或血根刀具廠（Bloodroot Blades）這些著名刀具製造商的刀具作品，都是如此令人嚮往，他們常有需要等待數個月或數年之久的訂單，有些製造商甚至會拍賣他們的作品，價格始於「每英吋刀體」數百至數千美元。

這是一個複雜的領域。我不確定當一把刀不再嚴格地「型隨機能」時，是否仍會喜愛它，但是……雖然我的電腦和手機的原子時間走時精準，我仍然戴著一支每個月都會慢上幾秒鐘的手錶；雖然可以購買一輛高效能的現代運動型多用途車（SUV），但是我仍愛駕駛著那輛古老的「經典」轎車。

　　這些事物的美觀遠勝過效能，所以我也可以領會，對某些人來說，最上等的刀具是如此優美，僅僅只是擁有就覺得足夠了。偶爾，甚至我遇到非常特別又漂亮的刀具，就足以讓我目不轉睛的盯著它們看了。儘管如此，當它們漸漸老舊，且因大量使用而被磨損後，也要記得它們曾有過的風華絕代。

　　最終，對我來說，享受的是一種透過多多使用、照顧和維護刀具時，才能真正發展出來的關係。如果能有一個上了鎖的箱子，甚至一個房間，讓我可以安靜的坐下來欣賞傑出的刀具，這樣一定很棒，但是，三不五時地，我還是不得不從眾多刀具收藏品中，取下最貴的那把刀，將它帶到廚房裡去切一些食材。

巴布·克萊姆 （BOB KRAMER）

....

巴布·克萊姆（Bob Kramer）被廣泛地認為是美國最重要的廚刀製造商。最初接受過廚師訓練，但他卻對刀具深深著迷，並且開始學習如何製作刀具。後來，美國刀匠協會（American Bladesmiths Society）同意了克萊姆入會* —— 這個協會是由約120名頂級刀匠所組成的團體，在克萊姆加入該協會前，刀匠會員們大部分專門從事裝飾性戰鬥刀或獵刀的製造，入會後，克萊姆很快成為著名廚師和富有的美食家們所崇拜的對象。有一段時間，克萊姆像許多優秀的製造商一樣，訂單甚至需要長達三年的等待時間，但他現在已減少接受刀具訂製了，而他在華盛頓州的工作室中只為專注產出更多美麗的刀具作品，都只在網路銷售。

美國一些最好的廚師都擁有克萊姆所製造的廚刀，如果你想加入那個聯盟，需要在克萊姆的網站上註冊，進行簡短的身分驗證，然後等待被通知有機會參加競標。在我撰寫本文時，克萊姆拍賣了一把美得驚人的10英吋牛刀（gyuto），它有由漬紋羽葉槭（palted box elder）製成的刀柄，和由阿根鐵殞石（Campo Del Cielo）中所提煉出來的鐵所鍛造的大馬士革刀體，刀體的某些部分是藉由加熱來凝固，而其他部分則是用粘土覆蓋。

這是一場競爭激烈的競標，不得不承認自己是個懦夫，當價格上飆至超過43,000美元（約130萬元台幣）時，我已經打退堂鼓了。

---

* 根據克萊姆的傳記，「要建造一把由300多層鋼所製成的10英吋鮑伊刀，（Bowie knife）需要經過以下考驗：這把刀必須在一次揮刀動作中，切斷一條一英吋長、自由懸掛的繩子；劈過一段2×4尺寸的木料兩次；剃去一小簇手臂毛（在2×4的木料之後），最後，將刀體彎曲90度，而刀體卻能夠不斷裂。如果成功做到了上述這些，你就可以向一組評委們提交五把完美無瑕的刀具。（包括一把15世紀的劍格匕首，這是一把非常難製造的刀子。）通過上述所有測試之後，用這樣的刀子來切碎胡蘿蔔，肯定是輕而易舉的。

OFFICE/PARING KNIFE

工作刀／削皮刀

刀身長度：100公釐（4英吋）
總長度：200公釐（8英吋）
重量：59公克（2盎司）
製造商：DÉGLON SABATIER
材質：不鏽鋼, 熱塑性塑料
原產地：法國
用途：蔬果削皮、去皮、精緻切片

　　削皮刀（THE PARING KNIFE，又稱為couteau d'office）的刀體長度通常是10公分（4英吋）或是更短，形狀有點像一把細長的主廚刀。削皮刀有三種主要作用，就像主廚刀一樣，可以用來切菜，但只能切極小的東西，這使它成為把大蒜削成透明薄片的首選刀具。……這些因為太薄了，甚至會在鍋中液化，這是一個非常好的系統*。削皮刀的刀尖（前刃）非常適合用來切割和削去水果中的小瑕疵，例如削去草莓皮或是新鮮鳳梨去皮後表面有黑色小硬點，用削皮刀的刀尖削去就很適合；削皮刀的刀刃也可拿來像轉削刀那樣使用，一手拿著刀，一手拿著根莖類蔬果推向刀刃，邊轉邊削去外皮。

　　也許是因為要一直保持鋒利較困難，但更可能是因為在繁忙的廚房裡經常被偷，現在越來越少廚師會保留一把昂貴的工作刀了。

　　工作刀是第一個被大規模生產的刀具所取代的專業刀具類型，它有鋒利卻短命的刀片，顏色鮮豔的塑料刀柄，價格卻如此便宜，因此也使得它們被認為是可隨用即丟的耗材。

　　就我個人而言，認為經典的「工作刀」是值得一試的，尤其在同事是值得信賴的情況下。不耐用卻便宜的刀具雖然很棒，但要注意，每次使用這樣的刀時，你的一部份靈魂就會消失。

＊　我知道保羅・索爾維諾（Paulie Cicero）在電影《四海好傢伙》（Goodfellas）中曾經使用過一把剃刀（刨刀）。但他是一位夠好的廚師，他原本應該會使用工作刀的，如果監獄看守允許他擁有一把的話。

TURNING KNIFE 轉削刀

刀身長度：70公釐（2¾吋）
總長度：180公釐（7英吋）
重量：61公克（2盎司）
製造商：雙人牌（J. A. HENCKELS）
材質：冰淬硬化不鏽鋼，熱可塑性塑膠
原產地：德國
用途：蔬果去皮、轉削和雕刻

蔬菜雕刻正在迅速成為逐漸失傳的廚房藝術之一。只有少數用餐者會真的很高興看到他們所點的蔬菜被雕刻成各式漂亮的造型——這樣有違現代飲食觀對於新鮮和原味的期待。然而，由於完美烹飪時間是隨著蔬菜的密度和厚度而有變化，因此，把每一顆蔬果雕刻成各種形狀和尺寸，並使其能完美地烹調在一起，其實並不像首次聽到時那麼讓人感到愚蠢。

轉削刀有獨特的設計，它的刀體形狀方便朝向手部方向切割。手指捲曲握妥刀柄，並用拇指將蔬菜推向刀片，做對這一點相當重要，因為，如果做反了，並將刀刃朝向自己的拇指回拉，後果幾乎肯定是你不得不去向急診醫生解釋，為什麼會在乾淨整潔的急診室中到處流血了。這位可憐的廚師是在把蔬菜削成一種長而規則的橢圓形，藉由一手轉動一段胡蘿蔔，另一手以彎曲的刀片重覆一次次相同的新月形削切，全部放在盤子上看起來會很壯觀。

對於現代廚師而言，這似乎是一種非常浪費的做法，但請記住，任何有足夠的廚師來轉削蔬菜的廚房，以及有足夠富有的顧客願意為它們付錢的餐廳，幾乎都是以工業化的方式進行供應物的量產，所以沒有任何削下來的果菜皮屑會被浪費掉。

轉削刀的刀尖也可用來為蘑菇傘切削出均勻的凹槽，以製作出轉削蘑菇或凹槽蘑菇。當英國小說家雪莉‧康蘭（Shirley Conran）說「生命太短暫而無法為蘑菇釀餡」時，她不過恰恰觸及了對於真正浪費時間的可能性而已。

STEAK KNIVES 牛排刀

刀身長度：133公釐（5¼英吋）
總長度：254公釐（10英吋）
重量：88公克（3盎司）
製造商：未知
材質：X50CROMOV15鋼，
杜邦聚甲銓樹脂
原產地：德國
用途：肉類或野味的餐具擺設

　　數個世紀以來，我們攜帶刀具作為個人配件、日常工具和隨身武器。當每個男人、女人和孩子，在他們的皮帶上都攜帶著完美可用的刀子時，就沒有必要在餐桌上放刀了。當時，在貴族們的餐桌上，首批以「用餐」為目的而製造的刀具出現了；裝飾性的刀具通常價格昂貴，才能更好地展示主人的財力，它們通常有圓形的刀柄末端和鈍鈍的刀刃。很適合用於分割半熟的食物並將其推送到叉子上，但也許最重要的是，將它們用來當作攻擊性武器是無效的。

　　直到最近這些年來，牛排才成為一種高檔的食物，與精緻切片及調味的肉品一樣象徵著財富。大塊而多汁、二面煎得焦香，而肉的中心恰到好處地保持漂亮的粉紅色，並且需要在餐桌上進行後續處理。實際上不可能拿你用來切割及推送精製熟食的那種刀子來切牛排，所以我們需要「牛排刀」。

　　這對刀具是由唐納德・拉塞爾（Donald Russell）所出售的，他是蘇格蘭一流的屠夫，以出色的牛排而聞名。這些刀具是以和廚房刀具相同的標準來製作，並都經過精心設計，具有許多相同的裝飾細節。

那氏收藏系列

　　自1920年至1950年，那撒尼爾‧吉爾平（Nathaniel Gilpin）是英國倫敦白廳大道上銀色十字勳章餐廳（The Silver Cross）的主廚。在今天，銀色十字勳章是一家很有氣勢的傳統酒館，廣受遊客歡迎，在早年吉爾平負責時，這家餐廳更是為議會和公職人員們提供了大量的優質餐點。很難想像一個比這家餐廳更加典型的英式餐飲環境；堅固的維多利亞王朝風格，處於「權勢集團」的核心，但又有幾分民主。與周圍的私人會員俱樂部、酒吧和牛排餐館不同，銀色十字勳章餐廳的服務對象包括所有社會階級的人。在1932年為《鄉村生活雜誌》所拍攝的照片中（見第72頁），吉爾平站在午餐自助餐廳後面，他的助手弗雷德‧薩德勒（Fred Sadler）驕傲地展示了滿滿一整排包括火腿、火雞、煮熟的螃蟹和龍蝦的盛宴。

　　從第一次世界大戰期間擔任皇家海軍三等膳務員開始，吉爾平就在餐飲業中一路奮鬥。他很喜歡英國品牌謝菲爾德（Sheffield）刀具，仍然可以在他的刀具上找到像Mexea and Co.、Beehive、Wm、Gregory 'All Right'、Butler這些曾經偉大的英國餐具品牌陰魂不散的商標，雖然經過磨損，常常已經模糊不清了。其中一些商標是屬於吉爾平開始烹飪時就已停業的公司，所以我們可以想像，他可能是從老廚師那兒繼承了這些刀具。

　　那些長而直的刀子，可能是從幾把普通的切片刀開始打造的，並有一、兩公分寬的平行刃。然而，擁有一把被磨削到只有幾公釐厚的刀子，在顧客面前會顯得很專業。

　　即使在今天，如果你點了一份鹹牛肉三明治，或者依顧客要求切好的煙燻鮭魚，那麼餐廳服務員就會使用一把被磨得薄到幾乎不存在的刀子，它能讓客戶安心地看到，這個讓買賣得以順利進行的工具顯然有被好好地使用與關注：「看看那把舊刀多麼薄、又多麼鋒利，他必須得清楚自己在做什麼啊！」

　　一些帶有更厚實、結實之刀柄的刀子，它們的原始形狀可能更像是粗厚的屠刀，但是，由於令人欽佩的節儉，吉爾平把它們用來當作廚房中其他有用的化身。其中有一兩把具有弧型的刀背，顯示它們可能曾經起到剔骨刀的作用。

　　打開這些刀子的包裝並為它們安排拍攝事宜，是一種感人肺腑的體驗。在處理某人的工具時，總會有些令人感動的事，例如：在刀子長時間工作的過程中，每一刻都靜躺在某個人手中的那種感覺，會讓刀子充滿了強烈情感的重量。但是這些刀具中還蘊藏著更多的東西，人們開始有更多想像。那些薄薄的切肉刀是否會因吉爾平所愛展示的某個技巧而感到自豪？在它們蠢得像護手刺劍般的形狀中，有一個虛張聲勢的流氓。有些工具的原始形狀雖然已經難辨，但它們仍然繼續被使用著。這是否意味著一種苛刻的節儉？

　　吉爾平目前已將他的刀子傳給了他的孫子史考特‧格蘭特‧克萊頓（Scott Grant Crichton），史考特在餐飲業方面亦有其傑出的職業生涯，1968年他在倫敦市戈特巷（Gutter Lane）的貝倫牛排館（Baron of Beef）開始擔任廚師，之後曾在酒店、私人遊艇上工作。這些刀具每一把都很漂亮；而作為一套系列收藏品，它們形成了一位職業主廚的綜合紀念。

榮 添 刀

（批 發 處）

（七）號一弍二道灣沙長埗水深龍九

電話：二七二八○○九四・二七二

製造廠：青衣工業中心第二期十三樓

電報掛號 "HOPPERS"

本廠出品　各種刀剪　純鋼特製　鐵鑊壳鏟　銅鐵炸籮　不銹鋼製　廚房用具　風行世界

CHINESE KNIVES

中式廚刀

關於中式廚刀

··

中華料理和法國料理是世界上兩大美食，也許如此令人興奮的原因，是因為二者在根本上如此的不同。各自聚焦在不同的飲食文化和不同的感官體驗，以及對於各種食物的益處的不同哲學信念，最顯著的不同，就是在餐桌上所使用的餐具不同。精緻的法國料理主要以刀叉來當餐具，而中國人則從西元前1000年起就開始用筷子吃飯。一般認為，筷子起源於烹煮時，用細木棒將熱食從盆子裡夾出來的即興吃法，但是很快就成為一種文雅的吃法。*

有一種理論認為，筷子的流行是因為得到儒家思想基本原理的支持，特別是「像刀子這樣鋒利又有威脅性的器具，在文明的餐桌上是沒有地位的」這樣的信念。由於飯廳裡沒有人配備了能將食物切成約一口大小的器具，因此在供應食物前，將食物妥善地切好，是勢在必行的。（這樣做的額外好處是，被分切成小塊的食物，可以用更少的燃料更快烹煮好。）

因此，中華料理完全有賴於在廚房裡使用刀具 —— 而且是使用一把獨特的廚刀。菜刀有時被稱為「切肉刀」（cleaver），因為它是刀具包中最接近切肉刀的一把，但是實際上，它是與法式主廚刀相似的工具，只是寬了許多，而且沒有刀尖。

菜刀拿在手裡輕得讓人困惑，因為刀身雖然出人意料的大，還有著看來較為粗糙的粗製表面拋光，但實際上卻非常薄。菜刀既可以用來從上而下地直劈，也可以像任何其他廚刀一樣用來進行搖刀切、推切或拉切。每位中國廚師總會使用砧板來切菜，所使用的砧板通常是木製的，而且比西式砧板還要高，厚度至少有9公分（3½英吋），從歷史上來看，可能是由一段樹幹或木頭開始，至關重要的是使用砧板能完成各式不同類型的切割。使用厚度高的砧板意味著廚師的手會是清爽的，他的手將不會碰觸到流理檯，也能將菜刀快速地向側面翻轉，進行水平切割。† 厚度高的砧板對於菜刀的使用是非常重要的，它幾乎該被視為是刀子的一部分。

---

*　註：堯舜時代洪水泛濫，大禹受命去治水，三過家門而不入，就連吃飯睡覺也捨不得耽誤時間。某次大禹乘船至一島上，飢餓難耐，就架起陶鍋煮肉。肉在水中煮沸後，因為過燙而無法用手抓食。大禹不願浪費時間等肉鍋冷卻，就砍下兩根樹枝把肉從熱湯中夾出，直接吃了起來。後來大禹為節省時間總是以樹枝從沸滾的熱鍋中撈食，手下也紛紛效仿，遂形成筷子的雛形。

†　西方廚師可以進行這樣的水平切割，但是他必須把他的砧板拖到流理台的邊緣，並且笨拙地傾斜身子才能做到。替代的方法是使用當傾斜刀身進行水平切割時，指關節仍然能夠不碰觸到砧板的刀子。這很可能就是為什麼近年來這種刀具只會出現在西方廚房中，因為彈性鋼片已經比較容易買得到了。

如果有機會去觀察一位優秀的中國廚師、屠夫或魚販工作，你將會看到一刀刀全然獨特的切割形成了卓越的刀藝之舞，看起來非常迅速和野蠻，實際上刀工相當精細，而且刀刀都是精算過的。用來切除魚頭軟骨的同一把刀子，接著會被用來刮去魚的鱗片、取出魚的內臟，將魚去骨切成透明薄片，並將這些魚片以扇形排列在盤子上。

據說，在更多的農村環境中，菜刀甚至會用來劈開烹飪用的柴火。如果有幸親眼目睹北京烤鴨完整的上菜秀，你將會看到一位廚師以菜刀的前刃靈巧地為烤好的鴨子進行分切；而且，雖然可以用刀面將大蒜或生薑拍碎成泥，但是鋒利的刀跟也經常被用來為薑蒜剝皮。或許形容它們精細的「蔬菜切絲法」的術語：「銀松針」，即是對於菜刀靈巧使用的最佳形容。

中國廚師的第二把刀則是一把切肉刀（有時被稱為剁刀）。它是一把規矩而沉重、刀脊較厚，刀刃則被磨成較寬的楔形刀子。廚師們會讓切肉刀時時保持足夠的鋒利，以便用來砍切骨頭，許多中式烹飪的前置作業皆需先將肉切成小塊，且保留部分骨頭，以保持肉的質地與風味。而因為廚師是如此擅長使用菜刀，所以菜刀和切肉刀的職掌會有部分重疊。

出於某種原因，儘管中式菜刀的歷史、用途多元且重量較沉也安全，然而它卻沒有辦法像日本專業廚刀那樣引起西方廚師們的喜愛。這是一個遺憾，因為在中國商店就可用很少的錢購得一把很好的菜刀，用它們來工作絕對會是一種享受。*

---

* 保養一把中國刀就像保養其他廚刀一樣，要用濕布來清潔刀體，並輕輕為其上油，但是要小心不要在洗滌時將刀子完全浸在水裡，因為那樣做的話，水就會流到金屬環中，再流入刀柄裡，使得木材腐爛、握柄生鏽。你真的不會希望在用切肉刀切到一半時，它的刀柄就啪地一聲折斷了吧。

CAI DAO 菜刀

刀身長度：206公釐（8英吋）
總長度：310公釐（12 ¼英吋）
重量：281公克（10盎司）
製造商：梁添刀廠
材質：層壓鋼，硬木
用途：一般用途

　　梁添刀廠被認為是世界上最好的刀具製造商之一。與日本和德國製造的刀子相比，梁添刀廠的刀子看起來像是以實用目的而設計的，甚至達到粗製的程度；兩側平坦的刀面上有不規則的鍛造痕跡，刀背和刀刃的剪裁粗糙，刀根直直插入刀柄中，後部則被粗略地錘平。從表面上看，並不是那種會被視為優雅的東西，然而，這把刀的「完全切合目的」，卻具有令人難以置信的吸引力。我非常同情一位明確會這樣想的刀匠：「當一位烹飪師傅每天都在大量地使用廚刀時，磨亮它並像珠寶那樣為它拋光處理，是在搞什麼東西？」，梁添菜刀不可能超越日式廚刀的美學，但是，它就與老鐵匠的錘子一樣地美麗，有著一生一世的銅綠，並且流淌著男子氣概的優雅。

　　這把菜刀的刀身長度與標準的西式主廚刀幾乎相同，僅僅比主廚刀重了幾公克而已，菜刀的刀身呈現微微的弧型，可藉此做好搖刀切的動作，並且因為刀刃很容易被磨得鋒利無比，所以很快地就會發現在使用菜刀的整段切割刃——從刀跟到到刀尖——來進行各種令人驚喜的靈巧任務。

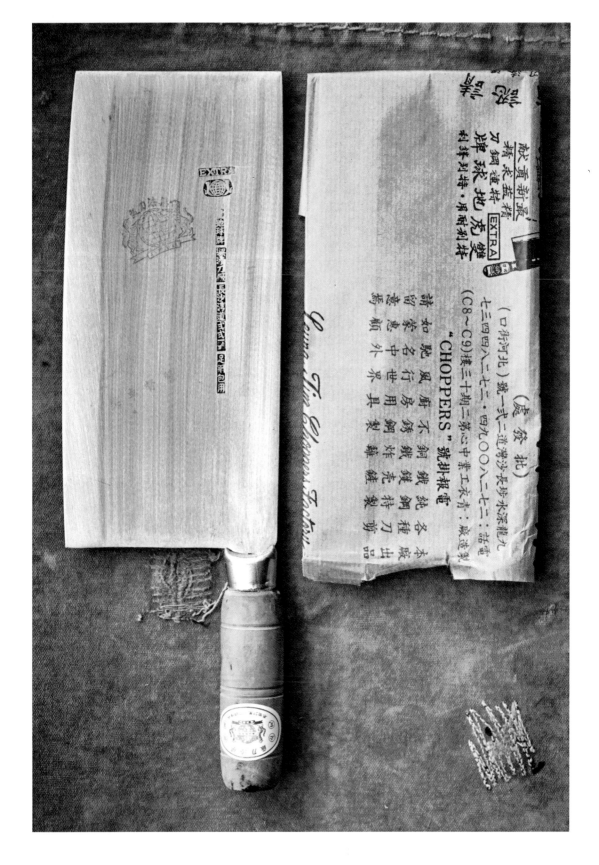

TRADITIONAL
CHINESE CLEAVER

傳統中式切肉刀

刀身長度：**218公釐（8 ½英吋）**
總長度：**330公釐（13英吋）**
重量：**538克（19盎司）**
製造商：**梁添刀廠**
材質：**不鏽鋼，硬木**
用途：**需要砍切骨頭的重型屠宰和魚類處理工作**

　　傳統的中式切肉刀就像一頭重型野獸。由於中式切肉刀需要較大的力氣來使用，因此通常比較重，這也得使精緻的刀刃很快就會受損，所以中式切肉刀的刀刃會被研磨成較寬的楔形。這意味著為了製造出可以被磨銳的鐵芯而小心翼翼地進行層壓，是沒有意義的，因此中式切肉刀是由一塊單獨的金屬塊所鍛造而成的。

　　這種傳統的中式切肉刀其實並不太精細，雖然一般的用戶會習以為常，傳統中式切肉刀真的非常重，在使用時，切割的力道主要是施加在刀背上，亦即刀子最重的部分上。傳統中式切肉刀是一個重量級怪物，刀脊有結結實實的6公釐厚，如果保養得宜，用它快速地切上幾刀，就足以把牛骨頭最厚重的部分給切穿了呢！

CHINESE CLEAVER
(LIGHT, FRONT-WEIGHTED)
中式切肉刀（輕型，前端加重）

刀身長度：182公釐（7¼英吋）
總長度：285公釐（11¼英吋）
重量：454公克（16盎司）
製造商：梁添刀廠
材料：高碳鋼，硬木
用途：可以切較輕骨頭的家庭式切肉刀，可執行菜刀的部分功能

　　這把中式切肉刀的進化版本，是一款靈巧的混合型刀具。它的刀體是層壓的，刀刃十分鋒利，雖然厚厚的刀脊能增強力量，但是凹形的刀面能使刀體依然保持輕盈。

　　這是一個出色的改造版本，這把中式切肉刀的刀體前半部巧妙的加寬，重心也朝向刀尖移動。前半部額外的重量增益了揮動菜刀時的槓桿作用，因此改變了平衡，在可操作性方面，這把中式切肉刀整個感覺更像是一把菜刀。感覺上它不太合適拿來做精細的工作。但是，簡要來說：對於職業廚師，這把中式切肉刀就是一把強大的全方位工具，前端加重的切肉刀肯定能夠勝任這樣的工作。

亨利·哈里斯

亨利·哈里斯（Henry Harris）是倫敦最受歡迎和尊敬的廚師之一。他是受正統訓練出身的，他的簡歷列出曾在英國一些最具影響力的廚房工作。對於烹飪技術、食材和食物歷史的了解是首屈一指的，亨利自己承認，對於自己的刀子王國的熱愛，到達痴迷的地步，精心保存了他曾經擁有並用來從事專業工作的每一把刀，還能講述每一把刀的故事。

現在，亨利已經可以買得起他想要的任何一把刀了，在他的刀具包中是有一些昂貴且獨特的美麗刀具。但是，可能在刀具收藏家中亨利較為與眾不同，他會把所買來每一把刀兼用在工作和娛樂兩者上，並有去測試它們極限的天份。

亨利對於刀具的了解就如同他對刀具的喜愛一樣深，還能夠很自在地談論這樣的關係……

亨利：當我在1983年離開雷氏食品和葡萄酒學院時，廚師刀具包中包括了適當的原裝賽巴迪碳鋼刀（Sabatier knives）。我總是看著家裡那些鈍鈍的刀，看著我父親用磨刀棒（sharpening steel）來來回回的磨著，卻沒把它們變得更鋒利。所以，當我第一次拿到磨刀棒時，記得自己當時想，「天啊，太棒了。當然，我可能無法用它來切洋蔥，這會讓刀片變黑，但是當使用這種非常粗糙的磨刀棒來磨刀時，幾乎可以看到它使刀刃的兩側漸漸擴大，並且再次變得鋒利。」我想，就是我愛上刀具的開始。

有一次我在一家餐館工作，買了幾把看起來似乎很實用的不鏽鋼刀，但沒多久我就感覺很沮喪，因為一旦那刀刃變鈍了，你將覺得棘手。不鏽鋼刀具是經久耐用的工具，它應該要更順利的為我服務，但是我一直在想，它們有哪裡不太對勁。

有幾年的時間，我對自己所取得的刀子都感到十分滿意，然後我太太給我買了一把傑·帕特爾（Jay Patel）所製作的「菜切」（有人稱為「日式蔬菜刀」）。它還附帶了一張傳單，上面寫著：「它是用2號青紙鋼製作的」。我想，我可以花幾天時間逛逛網路，查看一下相關內容，當我開始使用那些刀具時，世界打開了——它真是太讓人愉快了！

我一直擔心刀子的重量太輕了，但是實際上，一把適合的刀子並不需要太重。這是關於刀體強度，以及好技術能將刀刃製造堅硬，不至於變得容易脆裂的事。然後，開始知道，用一把真正鋒利的刀子來切割食材有多好。切洋蔥時，你的眼睛不會刺痛流淚；切一塊魚或肉時，那個切面真的看起來會很不一樣──光滑、質樸而美麗。

本身我並沒有拉小提琴或大提琴，但是當我試圖向人展示如何使用刀子時，會希望他們想像有人在拉小提琴，並用弓子劃過琴弦以拉出一個音符的樣子，就這樣拉過去，刀子就是這樣切過去的。如果刀子夠鋒利，它將輕鬆地切過去。不久前我在廚房裡品嚐東西，吃那些切碎的洋蔥時，你可以分辨出它們是用鈍刀切的，那些洋蔥吃起來很有韌性，因為它們是被割裂而不是被剁碎的。

大約是十年前，我開始以比原本預期更快的速度來收集刀子。

我覺得自己像是個囤刀者。譬如舊刀片，嗯……它們沒用了嗎？……其實，它們不是真的沒用。

我把一些原始的賽巴迪刀具好好改進了一番，它們並不是一些壞刀，感到煩惱的是，我並未擺脫各種便宜的廚刀，我想，就有點像我努力想擺脫烹飪書籍的感覺。我有一些非常糟糕的烹飪書，但是如果有人不怕麻煩地寫了一些關於食物的事，即使我不同意他們的觀點，我都會認為，寫書是需要經過調研的，而調研有助於讓身為廚師你變得更加進步與專業。對廚刀來說也是一樣，使用廚刀的經驗無論好壞，都有助於培養你的品格與技能。

只有一把刀是我真正不喜歡的刀，就是「三德刀」。

我討厭三德刀這樣的刀子。但是，我懷疑，對於熱衷烹飪，非專業的家庭廚師來說，「三德刀」應該是最受歡迎的刀吧！我想，如果去野營，那將會是一把很有用的刀，因為它是多用途的。

我一直在尋找適合用來工作的刀子。當在烹飪時，我會確保那些刀子就擺在隨手可得的地方，就像木匠會把工具架掛在牆上，或是把工具箱中的所有工具都攤出來一樣，我會擦拭用過的刀具，然後把它放好，接著再拿起下一把合適的刀。三德刀擅長做很多事，只是對我來說，使用三德刀會是一種妥協，它能夠執行任務，但卻無法像我使用合適的刀子時做得那樣好，我可能真會找合適的刀子來切。如果這樣想有道理的話。

如今，我寧願有一把菜切、一把牛刀、以及某種切片刀（carving knife），無論是日式還是西式的，刀子也要小一點。這可能就是我所需要的一切。

我曾見過一些刀具收藏家花上數千英鎊購買美麗的刀子，這些刀子是設計來為動物去皮、去除內臟、切片、分切，以及將蔬菜轉削成合適的形狀，以烹飪出美麗的樣貌……然而那些收藏家們卻把這些刀子放在櫥櫃中，他們很可能不會去磨他們的刀子，也擔心會在刀片上留下痕跡。

我認為一把刀會帶有製造者的靈魂，而製刀者則是為使用者開啟了那把刀。刀子有著由刀匠灌輸給它的靈魂，讓使用者能夠賦予它個性，所以，我幾乎會期待自己第一次把刀子刮傷的那一刻。我的默里‧卡特牛刀上有一些刮痕，並且確切地知道這些刮痕在哪兒，以及它們是如何產生的。有些是因為切菜時分心所造成的，有些是切砍骨頭所造成的，有些是和另外一塊金屬碰撞所造成的，那些刮痕都在那裡，它們都是我的刀子的一部分。多年來，當我使用刀具並且不時的磨刀時，年復一年，刀體的形狀會漸漸地略為改變，但是，我購買刀子就是為了使用它，因為擁有刀子的真正樂趣就在於用它去切菜、切肉和切片呀！

...*Shokunin!*

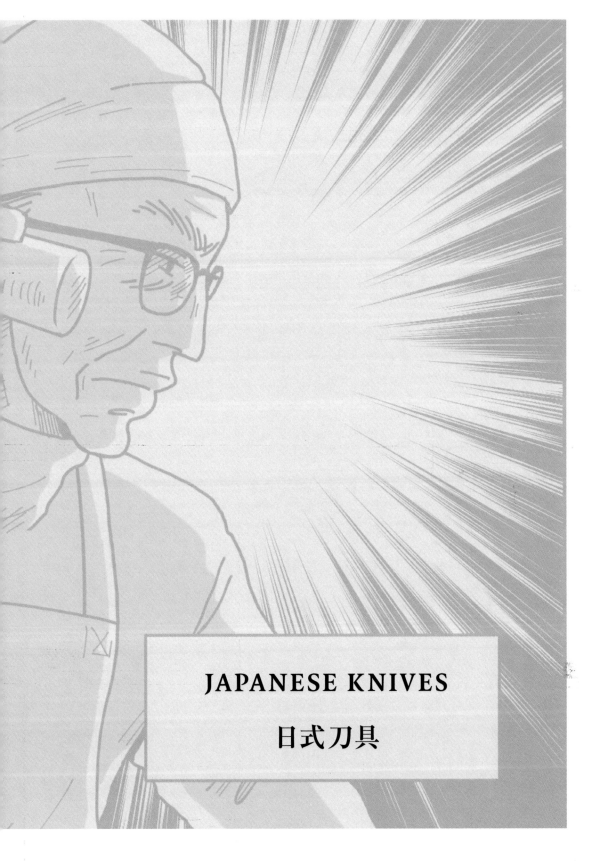

JAPANESE KNIVES

日式刀具

關於日式刀具

日本在廚刀製造方面的霸權地位，幾乎可以確定是幾個帝國詔旨的意外結果。

1868年，日本經歷了巨大的政治動盪，明治天皇全面恢復權力，從那時起到二十世紀之交，他將日本從一個封建國家轉變為現代化的國家。

四年後，有關單位宣布天皇和他的家人經常有在吃肉。其實從西元675年以來，日本在很大程度上是禁止吃肉的，部分是由於法令限制，部分則因為吃肉是佛教信仰中的禁忌，雖然可以出於醫學目的而吃肉，因為相信肉食能使人增強體力。貴族們偶爾會沉迷於「藥用狩獵」（yakuro）這種儀式性的狩獵，並且食用所補獲的獵物，而負擔得起的公民則可去專業的野生動物肉餐館（momonjiya）享用肉食。

那時，日本人看著西方遊客，並將他們的體型、體力與吃肉的習慣聯想在一起，因此，作為試圖讓日本變得「文明」與「現代化」的一部分，明治天皇積極鼓勵食肉。1876年3月28日，明治政府頒布了「廢刀令」（Hait rei），這是一系列旨在粉碎封建時代武士階級最後影響力的法令之一。「廢刀令」禁止人們在公共場所攜帶武器，並且一舉讓承繼了上千年鍛造與維護精緻刀片傳統的鑄劍師們失去了工作。在一個尊重廚房藝術和尊重戰爭藝術一樣多的文化中，美麗的廚刀是刀匠們超群技藝的展現。

最古老的日本刀體形狀是「出刃」，它與中國菜刀系出同源，是一種斧頭式的切刀，但卻有刀尖，利於切除魚頭和將魚去骨切片。第二種類型是「薄刃」，它會讓人聯想到許多東南亞素食文化中的本地即興刀具，亦即一把直而銳利的刀刃，做最簡單的完成品，不需要有刀尖。事實上在繁忙的廚房裡，有刀尖會是一種負擔，與使用西式廚刀完全不同，使用薄刃的最佳方式就是不要使用砧板，把蔬菜直接拿在手裡*。

第三種形狀是如柳葉一般的「柳刃」。如果出刃是向下剁切，而薄刃是將蔬菜拿在手中轉削，那麼較長的柳刃則是以長長的一刀，一口氣劃過無骨的肉和魚。雖然每一種刀刃都能以其他方式使用，但是，每種刀刃都有一種屬於自己完美的特定切割方式。

---

* 這種技術已經被提昇為一種「桂剝刀法」（katsuramuki，一種旋轉切割技術，是日本料理的精華）的藝術形式。日本廚師會藉由將一大塊大根（白蘿蔔）桂切成如紙般薄的細絲，來進行刀工訓練（參見第98頁）。

日本刀具是以「職人」或工匠傳統為中心，有長期和正式的學徒制，學徒們即使在與老師結束正式的師生關係後，仍會繼續以大致相同的方式來工作。這種父系制的培訓方式創造出工藝「學校」，並且傾向製作出具有區域特色風格的刀具。對於刀藝怪傑而言，工藝學校會是一座金礦，因為最終會得到關於每一把刀子功能的詳細介紹。把一件越簡單越想做好的事情盡力做到卓越，也是職人傳統的一部分。

當一位西方藝術家或工匠想要「突破他的媒材界限」或渴望實現巨大的創造性飛躍時，職人卻只希望在他剩餘的工作生涯中做著同樣的事，並使他的技能精益求精。在一個深層的、文化範圍層面上，這簡直就是對於「作為一個創造者該是什麼樣」的概念反轉。職人精神是日本文化中所特有的概念，因此西方作家們總會帶著神祕的敬畏感來看待它，這也就是為什麼日本人會把一些刀匠視為象徵日本遺產的「活國寶」。

在靠近大阪的堺市，仍有在製造「築巢刀」（nest knives），職人們會在一些小作坊裡完全分開地工作，每個人都盡可能完美地完成製作刀具的單一階段。一人負責鍛造，一人負責塑形，另一人負責拋光；其他人則創造出刀刃並且與刀柄接合（參見第117-124頁的漫畫）。

職人傳統或多或少有助於解釋日本廚刀的種類為何會如此繁多。雖然廚刀有三種基本風格，但是各地區廚刀的風格仍有許多差異，因為每所工匠學校都依照自己特有的路線來進化發展。也有因行業帶來的差異。魚販和廚師都是各有專精的職人，他們對於自身行業所使用的工具，有著無限多樣化的要求，有因地區風格而異的廚刀，也有因切割不同的魚類或特定蔬菜而有微妙差異的廚刀。

也許製刀大師們為廚刀帶來的最重要的技能，是將不同的金屬結合起來，製造出堅固而鋒利的刀片。刀體必須堅硬，方能支撐住刀刃並且進行切割，但也要具有韌性，如此它和另一個刀體碰撞時，才不至於碎裂。答案是，得採用一條羽金（hagane）或高碳鋼，並以地金（jigane）* 或軟鋼來包裹它。金屬塊會被加熱和擊打，以創造出刀體的基本形式，並且把使刀刃具有彈性的能力結合進去。今天當你買刀時，這會被稱為「awase風格」，意思是「結合的」，或者有時候稱作「kasumi風格」，意思是「包裹住的」。

在今天，刀體的外層應該都是不銹鋼，比十四世紀劍身的軟鋼在廚房裡更能夠保持光澤，或者它也可能是奢華的「墨流浮水染」鋼（suminagashi），亦即一種帶有層壓及酸蝕所創造出來圖案的鋼材，與大理石花紋藝術（亦即西方術語中的「大馬士革」花紋）有關，也就是西方術語中所謂的「大馬士革」鋼。

---

*　地金（jigane）原文為日文，漢語翻譯為原料金屬，生金銀的意思。

DEBA 出刃

刀身長度：105公釐（4英吋）
總長度：290公釐（11½英吋）
重量：239公克（8盎司）
製造商：SAKON
材料：機械鍛造白鋼*、芳樟木（木蘭木）、水牛角
用途：片魚、剝皮、剔骨和切片；原本主要用來切魚，現在也用於切肉

　　「出刃」乍看起來就像是一把結實的「斧頭」型刀子。它的刀脊很厚，直到刀身一半處的刀稜線處（見第130頁）才開始變窄。在出刃的設計中，沒有任何預先計劃用來減輕重量的環節。實際上，在切魚頭時，出刃的刀跟末端是被用來當作斧頭般使用的，廚師會以「鎯頭握」的方式握刀柄，並且將出刃的最末端硬壓在魚骨頭上，通常是一刀劃過。但這就是事情發生變化之處，改變持刀方式，使刀柄與前臂呈一條線，並沿著刀脊伸出手指，如此將使前刃的末端發揮作用。出刃是單面開鋒的刀子，尖銳無比，能夠迅速地刺穿魚皮和魚鱗；它的刀背平坦，能夠平滑地切過魚的肋骨，出乎意料地，那額外的重量並未成為精細切割的障礙；事實上，恰恰相反地，它似乎穩定住了前刃。

　　出刃已經成為日本料理中的通用菜刀，許多日常使用的優質出刃均採用單一鋼材所鍛造的。然而，有可能創造出一種不對稱的結合式層壓板，這種層壓板把硬邊／彈性刀體的所有附加優點都帶給了出刃形狀的刀子。這種日常性的機器鍛造出刃

---

*　日本刀具鋼材主要是由日立公司生產的。而鋼材的名字則取自於交貨時用來包裝它的紙張。以下是最常用於製刀的鋼材類別：

青紙鋼系列（Aogami series）
青紙1號：高抗拉強度，十分柔軟、容易磨銳。
青紙2號：高韌性，並有邊角防護。

超級青紙鋼：是以上鋼材的理想組合。

白紙鋼系列（Shirogami series）
白紙1號：是日立鋼材中最硬的一種，有較高的含碳量。
白紙2號：比1號更堅韌，但是比較沒那麼硬。

黃紙鋼系列（Kigami series）
一種優質的通用工具鋼。

非常符合我的喜好，簡單易操作，它正好適合我的切菜與磨刀技巧，但也有存在著一些印有美得令人難以置信的墨流浮水染花樣的出刃。

出刃的類型很多，大多數都具有相似的形狀和比例，而尺寸各異，某些則適合或建議用來切割特定種類的魚。人們可能會認為，除了長度和深度不同之外，柳刃與出刃在結構上是相同的，其實，柳刃也非常適合一刀劃過的切菜方式。

當出刃被雙面開鋒時，特別是為西方市場配備了西式刀柄（yo-style handle）時，它感覺起來和操作起來會非常像一把令人愉悅的經典主廚刀。

某些專家會以不同的方式來磨銳出刃的不同部位，例如：將它的前刃磨成像柳刃一樣精緻，將它的刀跟磨成了更堅固耐用的角——這是個可愛的想法，卻超出我們大多數日常維護刀具的技能。

DEBA TYPES出刃類型

AI-DEBA	輕級出刃
ATSU-DEBA	重級出刃
HON-DEBA	出刃
KAKO-DEBA	魚販的出刃，有更薄的刀身（又名「薄出刃」）
KANISAKI-DEBA	用來為甲殼類和貝類去殼切片的出刃
KASHIWA-DEBA	刀身較為扁平的出刃，用來切割家禽
KATAI-DEBA	用來分解魚和肉的出刃
KO-DEBA	為較小的魚去骨切片的出刃
MIROSHI-DEBA	片魚用出刃
RYO-DEBA	雙面開鋒的出刃
SAKA-DEBA	鮭魚出刃
YO-DEBA	有西式刀柄和雙面開鋒的出刃

USUBA 薄刃

刀身長：170公釐（6½英吋）
總長度：320公釐（12½英吋）
重量：126公克（4½英吋）
製造商：加茂詞朗（SHIRO KAMO）
材質：結合式鍛造2號白鋼、芳樟木（木蘭木）、水牛角
用途：切蔬菜用

有關薄刃的事情非常直接。簡而言之，它就只是個最平直的切割刃，沒有弧度，只是刀刃最基本的表現形式，而且僅有單面開鋒。

當然有一些精細的改進。鐮型薄刃（Kamagata usuba）的風格是與大阪有關的，它的刀脊和前刃間呈現四分之一的圓弧型。更常見的關東風格薄刃（kanto usuba），有時會有「單面錐體朝向方型的前刃」，那是一個優雅的小改進，如此就產生了日式風格的前刃，卻沒有烹飪功能。然而，即使稍稍進行了這些調整，薄刃也只是用一個筆直的刀刃來切蔬菜。

切肉時需把肉放在一個檯面上來進行切片或剁切，而蔬菜通常是拿在手上切割的。這時輕巧的薄刃相當易於用在獨特的「朝向姆指切割」方式中，以及與中國菜刀相同的直劈動作。

有各式各樣的小型薄刃，適合用來切割特定的蔬菜或進行裝飾性果雕。

關於切菜

日本廚師們已經將「旋轉」蔬菜切割技術提升為所謂的「桂剝藝術」（Katsuramuki）*。也就是廚師一手拿著手掌大的圓柱形根莖蔬菜，通常是大根（白蘿蔔），將刀面置於大根的表面上，然後朝著自己的拇指方向，慢慢的邊旋轉蔬菜邊切出薄片，將整個蘿蔔桂削成一條長長的透明條帶，就如展開的紙卷一樣。這個桂削片卷可以被折疊成層，然後切成絲狀，以創造出通常用來佐伴生魚片的毛絨絨的蘿蔔絲「巢」。桂剝藝術是廚師學徒必需精通的技能之一，需嘗試轉削至少2公尺長的食材而不出岔錯，為了讓它成功，除了用心專注，刀體還必須非常鋒利，這樣才不需要過度使力，廚師要勇敢地將致命的刀刃對準自己手部最脆弱的部位。†

此種切法通常是使用薄刃，亦即傳統上廚師學徒會去學習使用的第一把刀（因為蔬菜比肉或魚便宜）。在旋轉切法中，薄刃的單面開鋒會是個優點，它平坦的刀面可以平行於蔬菜的表層而滑動，但是這也使得比較沒經驗的廚師難以使用它來進行一般的切片。如果你已經慣於使用普通的雙刃刀，將會發現，薄刃會傾向偏斜一側，並且需要不斷地修正角度。要讓薄刃保持銳利，也有些麻煩。然而，由於它的刀體形狀非常有用，許多非日本籍的廚師們要麼學會適應它，要麼就去購買菜切，亦即一種專為西式切法而設計的更輕的雙刃薄刃。

---

*　桂剝藝術（桂剝き）：日本料理中最基礎的刀工，每個學徒都從桂剝開始練習，也就是將白蘿蔔切成薄片的技巧，厚度約0.5mm，中間不能斷，還必需上下厚度一致，像一條絹帶般美麗。

†　如果您打算嘗試這種切法，它是值得一試的，我強烈建議你拿蔬菜的那隻手要穿戴上克維拉防割手套。這種手套很容易在五金行和網路上找到，比搭計程車去急診室還要便宜得多。

COMMON CUTS常見切工

KUSHIGATA GIRI	從球形蔬菜切下的楔形物（如橘子瓣）
WA GIRI	從圓形或圓柱形蔬菜切下的圓形切片
HANGETSU GIRI	圓形切片的一半
ICHO GIRI	圓形切片的四分之一
SEN GIRI	切成細條或細絲
HOSO GIRI	切成較厚的長條
HYOSHIGI GIRI	將根莖類或其他較硬的蔬菜切成厚長條
TANZAKU GIRI	類似HYOSHIGI切法，但是有一面切得更薄。切成長方形。
SOGI GIRI	皮或削切
MIJIN GIRI	切成細丁
ARAMIJIN GIRI	切成粗丁
RAN GIRI	將長形蔬菜以對角線方式，邊滾邊切成滾刀塊的方式切成不規則的塊狀。
ARARE GIRI	切成約5公釐的骰子狀
SAINOME GIRI	切成約10公釐的骰子狀
USU ZUKURI	順著紋理從食材的對角線斜切，然後將刀片豎直，以創建出明確的邊緣。切成紙片般薄的透明切片。這是最基礎的切割方式。通常用於切割較為堅硬的白魚和河豚（黃麻鱸）。
SOGI ZUKURI	如USU ZUKURI一樣，但切成更厚的切片（超過2.5公釐）。
HIRA ZUKURI	較厚的垂直切片，常用在為鮭魚或金槍魚去骨切片。
YAE ZUKURI	將魷魚切成十字形的魷魚花，以使其軟化。
KAKU ZUKURI	將較軟的魚切成立方體或骰子形。
ITO ZUKURI	切成較薄的線狀切片

NAKIRI 菜切

刀長：135公釐（5英吋）
總長度：235公釐（9 ¼英吋）
重量：90公克（3盎司）
製造商：布萊尼姆鍛造廠
材質：結合式鍛造的高碳鋼、沼澤橡木
產地：英國
用途：切蔬菜和削皮

「菜切」這個名稱意指用於切割蔬菜的刀子。

「菜切」和薄刃這種蔬菜刀的形狀相同，都有適用於下切的平坦刀刃，只是菜切並不是為削切較硬的根莖類食材「桂剝」切法所設計，因此刀體是雙面開鋒。

出刃和柳刃的刀體比較厚，在切割刃和刀背之間有第二個角──這為刀身提供了額外的力量，而菜切比較薄，並有光滑、平坦的刀面。若是用楔形的出刃來切胡蘿蔔，在切片時，出刃就會滑開了，若用菜切來切，則能切出完美、光滑的邊緣。

雙面開鋒的刀片在切割時比較不會偏向一側，這使菜切比薄刃更容易讓西方人使用，而且更容易保養。也許正因為這個原因，菜切已經成功進入日本家庭廚房中，就如三德刀一樣。

如薄刃一般，菜切是有區域性的形狀差異的，在大阪，末端較圓的鐮形菜切更是普遍。

照片中的菜切是為英國廚師客製的。刀身輕薄，略微彎曲，既非傳統的日式刀柄，也不是西式刀柄，而是混合型的刀柄，越往跟部刀柄越窄。它是一把令人難以置信地輕巧、精緻的刀，刀身小，還具有極佳的彈性與可操控性。

YANAGIBA 柳刃

刀長：260公釐（10½英吋）
總長度：410公釐（16英吋）
重量：194公克（7盎司）
製造商：SAKON
材質：真鍛白鋼、芳樟木（木蘭木），水牛角。
用途：將魚去皮、去骨、切片

劍先柳刃（下一頁有圖）
刀長：260 公釐（10½英吋）
總長度：420公釐（16½英吋）
重量：205公克
製造商：菊一文珠四郎包永（KIKUICHI）
材質：結合式鍛造銀三鋼、水牛角、刀柄材質不明
用途：處理魚和肉

　　柳刃或「柳葉刀」（willow blade knife）是用來切壽司、生魚片和進行其他魚類前置作業的刀子家族一部分。從西方標準來看，柳刃特別長，甚至還有超過360公釐長的生魚片專用切刀，會需要那麼長的原因在於，刀身較長，便可以一刀就完成切割。用「鋸切」或反覆切割會讓魚肉產生粗糙切，畢竟這麼精緻的刀工，魚肉表面應該儘量保持光滑無瑕。

　　日本廚師認為，在切割過程中對魚施加任何過度的物理壓力，都會降低料理的品質。這種對於視覺上的完美和精細刀工切割的要求，意味著柳刃可能會是現有刀具中進化最多的。柳刃可用來以拉切或推切的方式切魚。推切時所使出的力道會更大，因此，當有鱗片或小骨頭需要處理時，便可使用推切；但是要在精心修整的大塊魚肉上片下精緻的最後一刀時，通常會採用更好控制的拉切動作。

　　觀察一名工作中的生魚片廚師，將會看到他一開始會用刀身的後跟抵住魚肉，而整個刀子以45度角上揚，然後將整個刀身向後向下迅速拉切穿過魚肉，而這個動作可能會運動到整個身體。

這把柳刃是真鍛造（由某種鋼製成）和單面開鋒的，讓熟手能更好地控制刀身的角度。刀刃的背面被研磨得略有凹陷，有助於打破魚的切面與刀面之間的吸力，但在磨刀時，就只有一些特定的邊緣會被磨刀石磨到了。刀身很薄，並且經過高度拋光，藉以減少摩擦力，能減少切割所需花費的力氣。單面開鋒能讓切下來的魚片更好的從表面分離出來，這也意味著對左撇子廚師較為不利。雖然有特製的左撇子柳刃，但因為較少見而價格昂貴。

　　西方廚師會使用較有彈性的刀子為魚去皮；他們會彎曲刀身，讓刀子緊貼著攤平在砧板上的魚皮背面，把魚皮平平地削切下來。由於柳刃較不具彈性，如果以這種方式來使用，很容易就會折斷。*

　　「劍先柳刃」之設計靈感來自於劍的設計和運動，這是一種相當吸引人的下斜式刀刃，有時人們會以武士傳統中的短劍或匕首，將它命名為「幾何形刀尖」。

---

*　　如果您對這段文字有感覺，是的，您已經正式踏上一段非常辛苦且昂貴的職人之路了。

TAKOHIKI 蛸引菜刀

刀身長：270公釐（10¾英吋）
總長度：420公釐（16½英吋）
重量：220公克（7¾英吋）
製造商：佐治武士（SAJI）
材料：真正的青鋼（罕見的雙面開鋒）
用途：以章魚命名，但是適用於切所有種類的生魚片

蛸引菜刀或「章魚切刀」（octopus slicer）的使用方式與柳刃完全相同，但是刀刃更直。

蛸引菜刀在日本東部和東京附近相當常見，而柳刃在傳統上則常見於日本西部以及大阪附近。兩種相似的刀片可以完全為相同的目標而進化，的確會讓人想知道其中的核心關鍵是什麼。使用蛸引菜刀時，切片動作通常會是一個長長的拉切，而極少出現會想使用鋒利前刃的情況，因為對一英尺長的刀體來說，要好好控制前刃是很難的。我更喜歡這個想法：這是對於日本廚刀製造所暗含的武士傳統的一種安靜的提醒——那樣的事情在吸引著廚師們——無論他們來自何種文化。

令人混淆的是，還有一種叫做章魚蛸引（sakimaru takohiki）的生魚片用菜刀，它有一個直邊，但是前刃卻是緩緩的弧型。

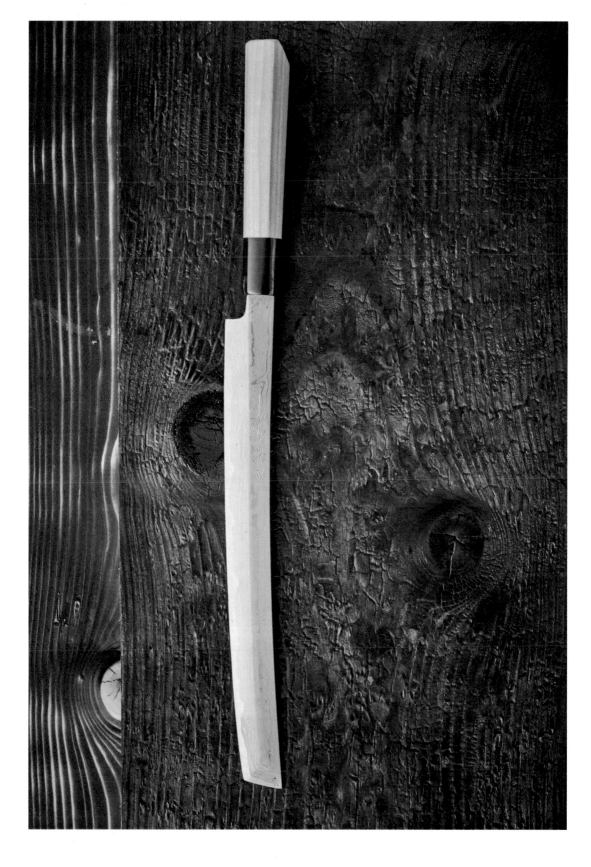

HANKOTSU/HONESUKI

反骨刀／刻骨刀

刀長度：150公釐（6英吋）
總長度：265公釐（10½英吋）
重量：156公克（5½盎司）
製造商：菊一文珠四郎包永（KIKUICHI）
材料：機器鍛造的2N碳鋼、染色積層材
使用：為家禽、肉類剔骨

　　反骨刀（Hankotsu）是你會在日本屠夫手中看到的傳統去骨刀。它很短，刀脊很結實，而且非常堅硬。可以用「匕首握」將反骨刀舒適地持握在手中，並用來切割懸掛的肉品，而懸掛著的肉的重量是有利於進行切割的。反骨刀鋒利的前刃非常適合在複雜的肉類關節中移動，能將它們骨肉分離，而反骨刀前四分之三的刀片會保持鋒利，以切割肌肉並去除筋膜。刀片的最後四分之一則保持鈍鈍的，以便在手指滑過刀枕時，有保護手指的作用。

　　對於較為一般的屠宰工作，日本廚師會選擇一種具有明顯刀跟及一些關節間隙的拆骨刀（Honesuki maru）。而拆骨刀像反骨刀一樣，有著微微彎曲的刀身，還有一種是外型更有稜角的「honesuki kaku」；上述這些刀子都適合屠宰小型家禽或兔子。對於較大型的動物屠體，則可使用較大版本的反骨刀，亦即「garesuki」。

　　雖然反骨刀在使用上很講究專業，卻因它雅致的外形和重量，還有這比許多日本刀片更加結實等優點，而受到西方廚師的青睞，越來越普遍地看到反骨刀被完全地磨利，提供一般性的廚房工作使用。

GYUTO 牛刀

刀身長度：210公釐（8¼英吋）
總長度：350公釐（14英吋）
重量：345公克（12盎司）
製造商：三越金屬集團（SAN-ETSU）
材料：結合式鍛造的ZDP-189鋼
用途：所有用途

　　Gyuto一般被翻譯為「牛刀」，是最近才出現在日本廚師刀具包中的一種刀子。Gyuto的形狀與長度各異，基本可說是日本刀匠對於西方主廚刀的一種演繹。它是雙面開鋒、刀腹很深，再逐漸縮小為一個點，但是卻比西方主廚刀的刀片更薄、更輕。圖中這個例子被這把刀具的擁有者描述為「非常西式的牛刀」，帶有西式鉚釘刀柄，由ZDP-189（一種專業的高速工具鋼）所製成。大馬士革刀花紋圖案中的精緻漩渦，是在鍛造過程中隨意敲擊刀體表面所創造出來的凹坑。

　　這是一款真正的高級刀具，採用勞斯萊斯等級的工藝和一級方程式規格的材料所製成。這也是日本工藝是如何去適應全球富有的收藏家和挑剔的廚師們喜好的一個絕佳例子。高科技鋼材非常堅韌，這表示必須得花上許多工夫，才能在這種鋼材上研磨出良好的刀刃，但是一旦刀刃做出來了，它將長時間保持極其尖銳。有一天，當我變得很有錢時，一定會買下上述刀子的其中一把，並且還要用保險櫃來收藏它，而且在我的員工中，也將會有一位全職的磨刀師傅……

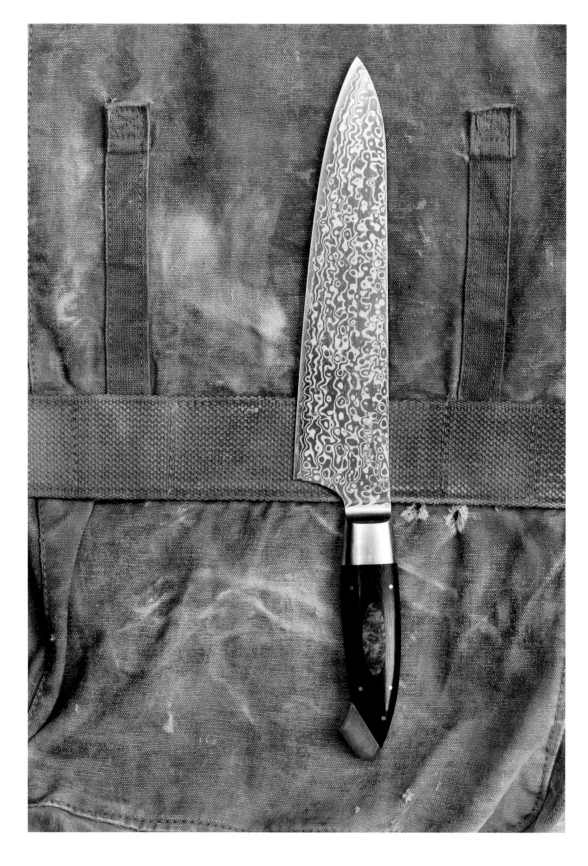

SANTOKU 三德刀

刀身長度：180公釐（7英吋）
總長度：300公釐（12英吋）
重量：302公克（10½英吋）
製造商：櫻花牌（Sakura）
材料：結合式鍛造，R2 101層大馬士革鋼，黑檀木
用途：所有用途

　　三德刀現在是日本家庭廚房中最見的刀具，並且作為一把理想的通用菜刀在世界各地流傳，像是在實習廚師的工具包中（請見第44頁），主廚刀旁邊經常會有一把三德刀。

　　Santoku這個名字通常被翻譯為「三種美德」或「力氣」，但是沒有人能夠達成完全一致的共識，這名字究竟是在指這把刀可以應用於三種食材——魚/肉/蔬菜，還是指它可用應用於三種切法——剁碎/切片/直劈，亦或這把刀可以提供柳刃、出刃和薄刃等三種傳統刀具的眾多功能。

　　由於三德刀是雙磨的，且形狀受到西方刀具影響，有時會被視為是牛刀的子類型，但是我認為，故事比這更複雜。就三德刀的刀身形狀而言，它的底部遠遠不像主廚刀那麼有弧度，在使用上，許多方面就如薄刃和中式菜刀一般。我相信，三德刀在世界各地的普及程度，更多是與日新月異的飲食習慣和烹飪方法所造就的。

　　我們不再會將法國風味或肉類較豐富的美食，視為烹飪的全部和最終目的，而是開始關注其他文化，並在我們的飲食中添加更多蔬菜。或許是受到更加多樣化的菜餚以及較偏向切蔬菜工作的啟發，歷史悠久的主廚刀正在被更輕的樣式所取代，世界各地都正在進行一場廚刀更新的過程。

PETTY KNIVES 日式水果刀

刀身長度：120公釐（4½英吋）
總長度：228公釐（9英吋）
重量：63公克（2¼盎司）
製造商：庖丁工房（TADAFUSA）
材料：三枚錘子鍛造青紙2號鋼，非洲玫瑰木
用途：切蔬菜、水果和無骨肉類等的一般用途

刀身長度：150公釐（6英吋）
總長度：267公釐（10½英吋）
重量：81公克（3盎司）
製造商：高村刃物製作所（TAKAMURA）
材料：SG-2（R2）粉末鋼，合成木材
用途：同上

　　源自於法文「Petit」的日式水果刀「Petty」，似乎有一點成為對於小型雙刃工具刀的籠統稱呼。大多數的日本刀具製造商現在會生產較小的廚刀，長度從110公釐到150公釐不等，形狀就像經典法式主廚刀的細長版本。

　　日式水果刀薄而輕，略有弧度，從為蔬菜剝皮、削皮到切碎蔬菜等各種用途都適用。雖然它具有明顯的刀跟，但是因為整個刀具太小，而無法讓你以「鎯頭握」的方式來持握，所以，使用日式水果刀時，通常會是捏握在刀枕之前的位置。

　　為了克服這種缺乏關節間隙的問題，一些製造商想出了一種「彎柄」日式蔬菜刀，刀身上有一個曲柄，可以讓刀柄提高，與砧板保持距離。然而，它們外形有些醜陋，以致於在精心挑選的刀具包中，往往沒有它們的位置。

　　身型較小的日式水果刀，因為輕巧好操控，很適合用於不碰觸到砧板的手持式切法。

這是堺市
——大坂市附近的一個工業城。

據許多人的記憶所及，
堺市一直是日本的製刀中心。
現在則是世界上最令人嚮往的廚刀之家。

在這裡，工作全是分工負責的。
刀子的每個部位皆是由不同的工匠
——終極的專家們來製作。

他們就是
……刀匠職人！

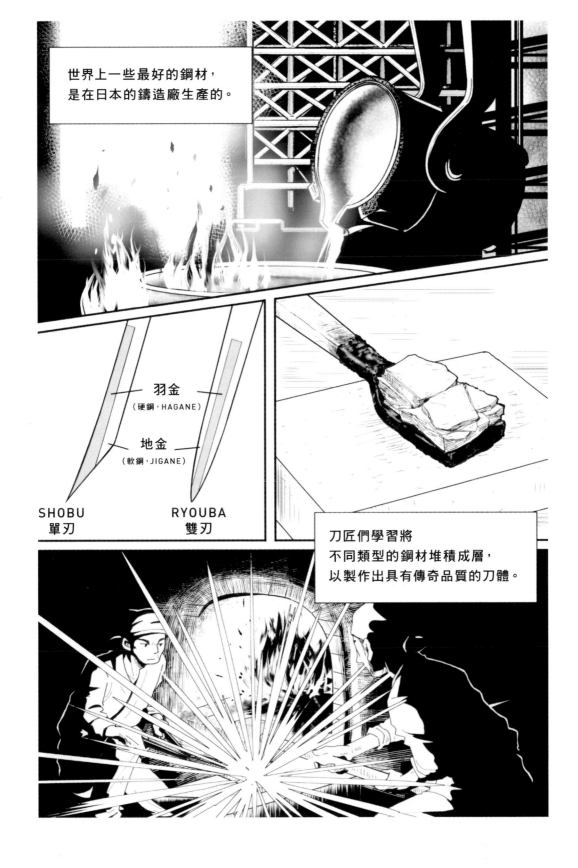

世界上一些最好的鋼材，
是在日本的鑄造廠生產的。

羽金
（硬鋼，HAGANE）

地金
（軟鋼，JIGANE）

SHOBU
單刃

RYOUBA
雙刃

刀匠們學習將
不同類型的鋼材堆積成層，
以製作出具有傳奇品質的刀體。

「Ho先生」將直紋的玉蘭木
劈成許多刀柄木塊⋯⋯
這裡有許多用來做刀柄的木塊。

「E先生」則負責
為刀柄塑形。

Whirrrrrrr

「Tsunomaki先生」
以水牛角來製作刀枕
或金屬套環。

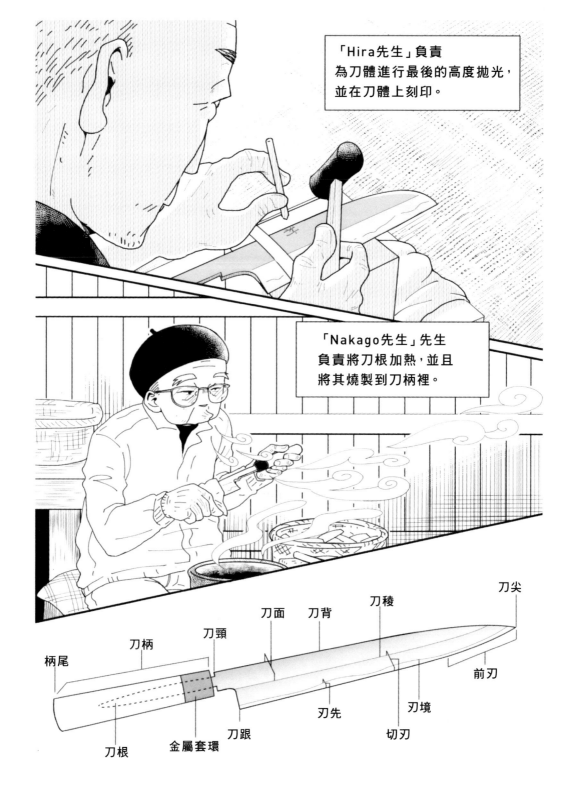

「Hira先生」負責
為刀體進行最後的高度拋光，
並在刀體上刻印。

「Nakago先生」先生
負責將刀根加熱，並且
將其燒製到刀柄裡。

刀尖

刀稜

刀面　刀背

刀頸

刀柄

柄尾

前刃

刃先

刃境

切刃

刀跟

刀根

金屬套環

Awase先生　Kiriha先生　Kahasi先生　Ho先生　E先生

Tsunomaki先生　Hira先生　Nakago先生

SUSHIKIRI 壽司切

刀身長度：200公釐（8英吋）
總長度：360公釐（14 ¼英吋）
重量：372公克（13盎司）
製造：堺孝行（SAKAI TAKAYUKI）
材料：真鍛的白鋼、芳樟木（木蘭木），熱塑性塑料
用途：所有用途的壽司切刀

　　有些類型的壽司會被做成長條狀，並在送餐前被切成單個較小的壽司塊。應該要以一刀切的方式來切割魚類食材，任何紫菜海苔都應保持乾而脆，因此，除非使用最鋒利的刀子，不然這些東西會很難切。壽司主要的米飯部分質地較黏，很快就積聚黏在刀片上，因此需要用濕布不斷地擦拭刀片。使用標準的柳刃可以很好地完成切壽司的工作，但是為了最優雅的展示切壽司條或壽司卷這個單一目的，也已發展出「壽司切」的專用刀具。

　　這把壽司切是單面開鋒的，重量很輕。複雜的多重層壓刀體對於單一任務來說是不必要的，也不需要像柳刃有著厚厚的刀脊；壽司切比較薄，有點像薄刃。最重要的是，壽司切的刀身既長又深，表示既可用來向後拉切，也能用向下直劈。

UNAGISAKI & MEUCHI

鰻裂和錐子

刀身長度：160公釐（6¼英吋）
總長度：272公釐（10¾英吋）
重量：298公克（10½盎司）
製造商：三越金屬集團
材料：結合式鍛造的白鋼、芳樟木（木蘭木）、水牛角
用途：去皮、去骨、去內臟，以及分割鰻魚

長久以來，鰻魚或「鱔魚」在日本是很受歡料理，它們是在活著的時被採購來的，在烹飪前，才被宰殺及去除內臟。

在許多海鮮餐館和魚販攤中，上述工作會在顧客面前完成，用來證明鰻魚的新鮮度。宰殺鰻魚通常是從頸部快而淺地下切，然後用錐子將鰻魚的頭部固定在砧板上，接著，魚販會將鰻魚的身體攤開來，使用鰻裂的前刃沿著鰻魚的脊柱向下一刀切下去，巧妙地避開鰻魚的內臟，以免被損壞，然後用較為平坦的刀身主體，將展開攤平的鰻魚刮乾淨。接著，一次性地將鰻魚的脊柱移除，這時，鰻魚就可以準備待煮了。

西方廚師幾乎不會遇上任何需要使用鰻裂的情況，更確切地說，即使一位廚師真有需要現場切鰻，他也需要花上數年時間來培養這種技術，但我注意到一件很有趣的事，那種簡單的片魚出刃是如何因應切鰻的特殊情況而被加以改造，最終創造出這樣一把非常專業的切鰻工具呀！

JAPANESE KNIFE DICTIONARY 日式廚刀辭典

BA/HA	刀身
KIRI	切刀／切割
HOCHO/BOCHO	廚刀
SHOKUNIN	職人、工匠
SHOBU	單刃
RYOUBA	雙刃
HONBA TSUKE	為新刀客製化磨利
KOBA	明確的邊緣
KAKU	四方形／四方形的
ATSU	厚或重
KO	小的
MIROSHI	去骨切片
KATSURAMUKI	桂剝
SAKI	撕裂／打破
BIKI/HIKI	拉
KASUMI	以霧籠罩、包裹住、纏繞住
AWASE	結合的
YANAGI	柳
JIGANE	軟鋼
HAGANE	硬鋼
SAN MAI	鋼板層壓
SUMINAGASHI	墨流浮水染
E	刀柄
EJIRI	刀柄末端
KAKUMAKI	金屬箍、套環
AGO	刀跟

MUNE OR SE	刀脊
TSURA OR HIRA	平的
KIREHA	「刀的路徑」或大的斜角
SHINOGI	在刀面和刃面之間的鎬線
HASAKI	刀刃
KISSAKI	前刃末端，刀尖
MACHI	刀身與刀根（有時是可見的）相會之凹口
MUNE MACHI	上刀頸的凹口
HA MACHI	下刀頸的凹口
HAMON	刃紋
HADA	紋理圖樣
WA	日本或日式
YO	西式
TARA	鱈魚刀
SAKE	鮭魚刀
UNAGI	鰻魚刀
TAKO	章魚刀
FUGU	河豚
BUTA	豬/豬肉
SUJI	肌腱
MEN	麵條

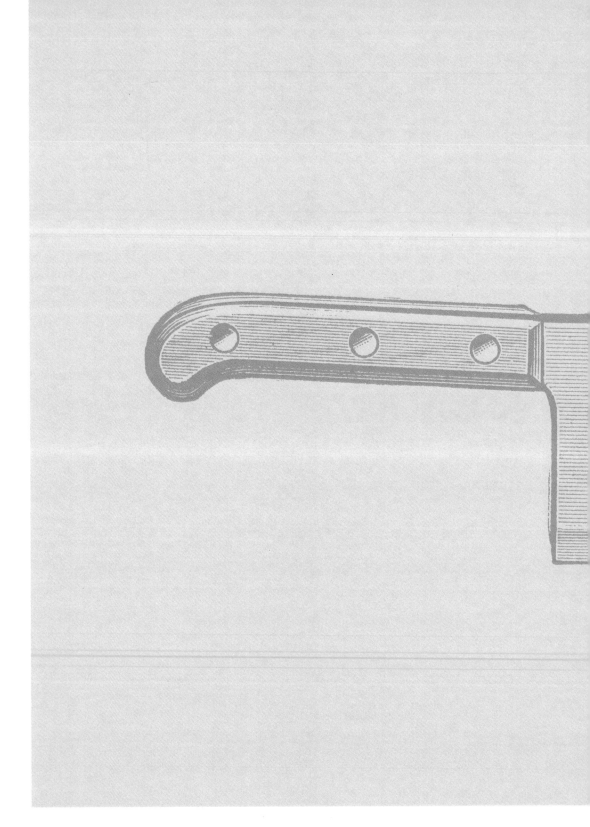

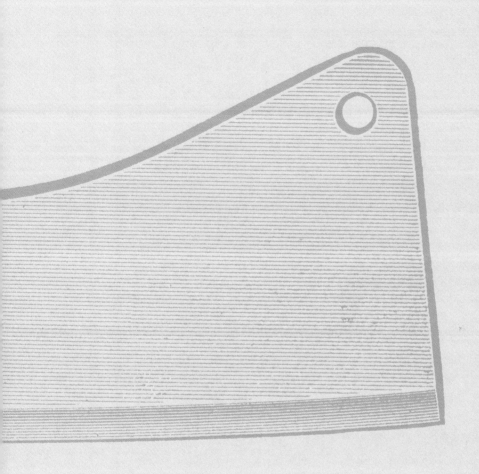

WORKING KNIVES

料理職人專業用刀

關於屠夫刀

屠宰技術往往呈現出國際間的差異。在整個英國，不同區域的肉品市場發展出不同的屠宰方式，從歷史的角度來看，臀腰肉（chumps）、頸肩肉（chucks）、板腱肉（featherblades）和魚片（fillets）等神祕詞彙，在英國各地的含義是略有不同的。然而其中令英國屠宰業達成一致看法的，則是關節骨和鋸切機（bandsaw）。以一個國家的飲食文化來看，身為英國人的我們喜歡以「烤肉」作為烹調肉類和關節骨的最佳方式；骨頭上那些大塊、幾乎可說是象徵儀式性的肉塊，一直是菜單上最受歡迎的選擇。

屠夫的鋸切機在外觀和操作方法上就像木工的鋸木機，讓屠夫能夠像木匠鋸切木頭一樣地鋸切屠體。鋸切機的外表看起來簡簡單單的，但是屠體一通過，馬上就能被切成肉塊。經典的「羊肩肉」是週日餐桌上的固定菜餚，是一塊放在餐盤上看來很不錯的整齊方塊肉，它包含了至少十二種不同紋理的肌肉，再加上骨頭、軟骨和結締組織等，但是卻只是簡單地被切成方塊。這聽起來像是件壞事，幸虧英國的國民美食向來圍繞著「關節骨」而發展，在烘烤方面也有著令人艷羨的技巧，意味著這些組織複雜的肉塊可以被好好地料理，獲得最佳的風味和質地。

在其他的屠宰傳統中，發展出一種更具同情心的方式：在可能的情況下，順著肌肉接合處的「接縫」（seam），將屠體切割成單獨的肌肉或肌肉群。此時只需要極少的配套工具即可進行。屠夫通常會使用一把短而彎曲的屠夫刀來進行初步切割，這把屠夫刀的背面和正面使用的機會一樣多，因為鈍邊可以用來刮開黏附在骨頭上的肉。另一項順手的工具是防切手套，它不只是通常想像的那樣用來保護另一隻手不被切到，更關鍵的是能夠在人們需要把屠體的肌肉拉鬆開來時，幫助更穩固地把肉抓牢。「筋膜屠宰」（seam butchery）可視為一套不同的技能──接受傳統訓練的英國屠夫通常會需要重新學習──但這種屠宰方式是非常有利可圖的。舉例來說，過去以傳統的方式屠宰羔羊的前端部位時，可能會拆解出羔羊的左右肩、頸部和一些碎肉，而現在以筋膜屠宰的方式，同樣的部位將被分門別類整理成十幾種大小與質地各異的肉片，而且經濟實惠、烹飪簡單、美味可口。這些肉片通常最好是用平底鍋來炒，而不是用烤箱烘烤或搭配其他液體材料和醬汁來燉煮。

英國屠夫的刀具包裡通常包括了「牛排刀」和「剔骨刀」，以及一把磨刀棒，好讓刀刃時時保持鋒利，另外再加上鋸刀和切肉刀。其他傳統的工具包中則有各式各樣的刀具，它們多半兼具重型和輕型切肉刀的功能。

世代以來，在地的屠夫都是磨刀專家。許多屠夫會在營業場所內使用磨刀輪，而早期的烹飪或家政書籍也會建議定期將家用廚刀送去給屠夫研磨。然而，隨著「鑽石磨刀棒」（diamond steel）的到來，屠宰業的磨刀方式也發生了變化。

傳統的磨刀棒僅僅用於校正和修整已經開刃的刀，現代的「鑽石磨刀棒」則塗有細小的磨料薄層（通常是鑽石粉塵），會把金屬從刀體上磨掉。* 使用鑽石磨刀棒幾乎不需要任何技能，可以很快地把任何刀刃磨得相當鋒利，同時也會以驚人的速度一吋吋地把刀片磨掉，耗損較高。許多屠夫仍在採用傳統式的磨刀法，並且傳承給徒弟，但是大多數屠夫現在也會使用鑽石磨刀棒以及一些更便宜、量產且可以定期更換的職業用刀具†。

---

* 請參閱第205頁的說明。

† 單片、模製的塑膠刀柄，沒有微小的裂縫或細菌可能潛伏的接合點，也深受安全管理者青睞。

STEAK KNIFE/SCIMITAR

牛排刀／短彎刀

刀片長度：260公釐（10½英吋）
總長度：390公釐（15½英吋）
製造商：FORSCHNER / VICTORINOX
材質：不鏽鋼，黑檀木
產地：美國
用途：將去骨的肉分切成片

　　牛排刀或短彎刀是典型的屠夫刀。它的刀身長，利於切割較大的肌肉群，就如柳刃一樣，使用牛排刀時，簡單地拉切或推切幾下，就能切出細緻的切面。牛排刀的刀身大，足以像切肉刀一樣地切斷較小或較柔軟的骨頭，而它的刀身越朝前刃變得越寬，使得重心遠離了刀柄，讓你可以如揮動錘子一樣地揮動它。牛排刀前刃的形狀也很適合讓另一隻手幫忙向下按壓，以更靈活與平均的力道切穿堅韌的骨骼或關節。

　　「彎刀」這個名字，源自於一個出現在亞洲和中東地區的彎曲劍形刀具，特色在於切割刃的弧型曲線，而這樣的曲線也使得彎刀得以用搖晃刀身或直劈的動作 來切碎食材。

　　牛排刀是一個有趣的實例，至今已經發展出許多不同用途。作為專業屠夫的通用工具，在其他商店環境中，牛排刀仍然是個完美的工具——它是最常出現在主廚們身邊的刀具，並可用於完成大多數的任務。如同主廚刀，牛排刀也有8英吋和10英吋等不同尺寸的刀身長度。

　　〔照片中的牛排刀最初是在一家肉店開始它的職業生涯，但是在過去的30年裡，它一直待在我在劍橋開的麵包店，被用來切割切爾西麵包（Chelsea buns）〕

FEUILLE DE BOUCHER 法式屠夫刀

刀身長度：270公釐（10 ¾英吋）
總長度：410公釐（16¼英吋）
重量：902公克（32盎司）
製造商：BARGOIN / FISCHER
材質：不鏽鋼、ABS熱塑性塑膠
產地：法國
用途：一般的屠宰，包括肢解懸掛或置放在工作檯上的屠體、切肉和切小骨頭，以及將肉切成丁。

　　這款切肉刀，雖然形狀看起來很像傳統的英式切肉刀，實際上它更輕、更鋒利，並且它的使用方式也被設計得與英式切肉刀非常不同。

　　英國或美國屠夫會用切肉刀來切割懸掛起來或放置在砧板上的肉類，他們會先用短彎刀（scimitar）做初步的切割，讓屠體的骨頭或關節顯露出來，再改用有著寬角楔形刀身的重型切肉刀來切穿骨頭。法式屠夫刀結合了重型切肉刀和輕型切肉刀的功能；它能夠切穿小關節，亦可用於為牛排切片，並可用它彎曲的前刃作為搖刀切的支點，以剁碎（碾碎）食材。

　　法式屠夫刀就如中式菜刀一樣，是以一個尖頭的刀根穿入刀柄，以鞏固接合處；而為了便於切割，有時會額外增加兩個金屬「頰片」（cheek pieces）。由於沒有鉚釘或裸露的接合點，法式屠夫刀的圓形刀柄會比英式屠夫刀的刀柄更容易保持清潔。

　　法式屠夫刀適合用來切羊肉，但是卻可能（我強調是「可能」）不適合用來切大型奶牛的肉。對於大型的肉，現代屠夫一般會使用鋸切機，雖然傳統上，屠夫會使用刀柄較長的大型屠夫刀，以雙手如同揮動斧頭的方式，將懸掛的屠體從脊柱劈砍下去。

法式切肉刀樣式

FEUILLE DE BOUCHER DE DOS DROIT

直式屠夫刀

FEUILLE DE BOUCHER DOS CINTRE

拱形屠夫刀

FEUILLE DE BOUCHER BELGE

比利時屠夫刀

FEUILLE DE BOUCHER SUISSE

瑞士屠夫刀

COUPERET DE BOUCHER PARISIEN

巴黎屠夫切肉刀

COUPERET DE CUISINE

料理切肉刀

BONING KNIFE 去骨刀

刀片長度：142公釐（6英吋）
總長度：271公釐（10¾英吋）
重量：94公克（3盎司）
製造商：FORSCHNER / VICTORINOX
材料：不鏽鋼、紅木
原產地：美國
用途：用來肢解懸掛的屠體，或在工作檯上剔骨

這把屠夫的去骨刀，在它無窮盡的變化版本中，與廚師刀具包裡的其他刀具相比，有著最不同的故事。

批發市場中的屠夫（或者你家附近在地商店中戴著草帽的那位屠夫）每天持續地在切肉，他們把刀子霍霍地磨利，幾乎成為一種慣性抽搐般的動作。所以在屠夫刀買來的幾天之內，刀子的形狀就會因此發生改變，它們預期的使用壽命大約不超過六個月。

當廚師沿著屠體的骨頭滑動去骨刀，仔細地將小肉塊給剔下來時，屠夫通常正在從整個懸掛或放置在砧板上的屠體上，將大而重的肉塊給剔下來。觀察一位市場上的優秀屠夫，你會看到他經常變換刀的握法，不斷地從一般人慣用的正面持刀位置，變換為倒置的「匕首握」。這種持刀法，使薄而堅硬的刀片可以深深刺入屠體的長骨中，將關節周圍的韌帶切斷。肢解牛隻體內能支撐超過一噸重量的牛關節骨，是一項令人難以置信且棘手的骨科工程；這不是你可以使用為小型歐洲比目魚去除魚皮的同一把刀來拆解的任務。硬脊的去骨刀必需夠堅硬，才能在巨大的球窩關節之間施力，而它的前刃也必須夠鋒利，才能切斷將球窩關節連接在一起的索狀肌腱。

一位真正熟練的屠夫會更常用去骨刀來「肢解」一個完整的屠體，以外科醫生的技術來定位和探索屠體的關節，四處去切割具有支撐作用的韌帶，讓重量級的肉以最有利的方式而被分割成塊狀。

改變刀具形狀

「形狀」通常是選擇刀具的第一項因素。你會為所需執行的任務選擇恰當的刀具形狀，然後拿幾把刀來實際試一試，最後找到手感最適合的那把刀子。最初，它會感覺很「新」和舊刀很不一樣，但是很快地，除非你看走了眼選錯刀，不然你的工作與切菜方式、拿刀的方法和肌肉記憶，都會逐漸去適應新刀。對於許多人來說，這可能是一個單向的適應過程，在過程中逐漸地習慣了你的新刀，但是對於長時間使用刀子的人來說，這個過程還有另一面 —— 刀子本身同時也作出了調整，以符合使用上的需求。

當你從日本的hamanoya刀具店購買一把刀子時，通常會讓刀子被研磨成符合自己的切割風格。某些廚師會讓刀子從前刃單面開刃，然後越靠近刀柄處，則逐漸改變為部分或完整的雙面開刃。這些廚師清楚地知道自己的切割風格，知道精細的工作是靠刀子的前刃和刀腹來完成的，但是當必須切割堅硬的東西或是需切斷屠體的關節時，他們則總是會使用刀跟。一些西方廚師會把刀脊較接近前刃之處也稍稍磨利，以進行精細的剔骨工作（參見第46頁）。

當一把刀子天天都被使用和研磨，它會細微且持續地改變形狀。一位每天肢解超過二十隻牛肉屠體的商業屠夫，必定會靈巧地使用一把刀每一寸刀身，甚至是不到一公分寬的部位。回想當初第一次使用那把刀時，它仍是一把制式規格的剔骨刀，然而經過屠夫巧妙且獨特的拿刀和操控方式，它已經漸漸改變形狀適應了屠夫。任何其他人拿著那把刀或使用那把刀時，都不會像他那樣感到舒服，而當他必須把那把刀換掉的那一天，也會讓自己花上幾天時間回到「學習曲線」的底部。

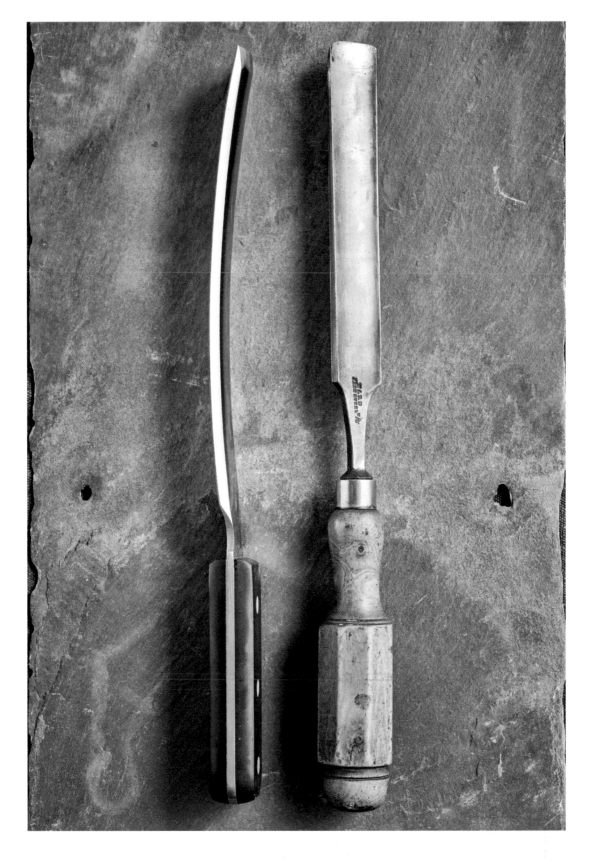

BONING GOUGE 骨鑿

刀身長度：235公釐（9¼英吋）
總長度：345公釐（13½英吋）
重量：346公克（12盎司）
製造商：Martínez y Gascón
材質：不鏽鋼、熱塑性塑膠
原產地：西班牙
用途：在不需切穿骨頭周圍的肉的情況下，將大骨頭與肉分離

　　圖片左側的骨鑿來自於西班牙，它一般會出現在西班牙火腿工廠或屠夫的店裡，可以用這把骨鑿順著屠體的大腿和小腿骨切下去，完整地讓骨肉分離，以便後續用鹽將腿肉醃製成火腿。這是一款設計精良的工具，利用機器以複雜的複合曲線製造而成，不僅弧型前刃被磨利，刀身兩側也皆有開刃。

　　骨鑿還有助於更好切且快速地處理羊腿和鹿腿，並且可以在羊腿和鹿腿上挖出一個小口袋，方便填餡發揮創意。在我發現骨鑿這樣工具之前，我和圖片右側這把2.5公分（1英寸）的木旋鑿刀（woodturner' s gouge）有著長期愉快的合作關係，它是我花了五英磅在eBay上買來的。

MORA 9151P FILLETING KNIFE
&
352P GUTTING HOOK

MORA 9151P片魚刀和352P內臟鉤

刀身長度：151公釐（6英吋）內臟鉤66公釐（2½英吋）
總長度：290公釐（11½英吋）內臟鉤252釐米（10英吋）
重量：99公克（3½盎司）內臟鉤128公克（4½英吋）
製造商：MORA
原產地：瑞典
材質：冷軋瑞典不鏽鋼，玻纖增強聚丙烯
用途：大量的片魚

　　這把9151P刀具是瑞典Mora刀具為漁業和魚類加工業所生產的一系列刀具之一。刀身有一點彎曲並有很好的刀刃，最重要的是，它可以經得起相當大量的使用。這把9151P刀具的玻纖增強聚丙烯材質刀柄是模塑成型的——因此刀身與刀柄之間不會因產生濕氣導致生鏽——並且有粗糙的表面拋光處理，有利於在覆蓋著結冰鹽霧和魚血的擁擠甲板上，戴著橡膠手套仍能更好地持刀。這把刀不是設計來進行精緻的廚房片魚工作，而是設計用來對大型屠體進行快速而大量的切片。

　　內臟鉤是一個短而鋒利的刀片，受弧型刀脊所保護，讓你可以用內臟鉤一刀打開魚腹，而不會有讓魚的內臟產生缺口。

　　雖然這兩把刀都做得很好，但在材質或設計方面，都沒有奢侈的元素在其中，因為製造職業刀具時，成本是重要的考量。它們是為了完美地達成任務而發展出來的刀具，自然沒有把力氣浪費在毫無意義的噱頭或不必要的裝飾上。也因此，它們有著更冷靜實用且自成一格的美感。也許你能夠找到一位願意單把零售的供應商，只是通常它們會是以一盒10個的包裝來販售。

GENZO FIELD BUTCHERY KIT

GENZO 野外屠宰工具包

....

刀身長度：130-160公釐（5-6¼英吋）
總長度：220-300公釐（8½-12英吋）
重量：85-120公克（3-4¼英吋）
製造商：GENZO
材質：440級不鏽鋼，高可見性熱塑性塑料與「熱塑性硫化彈性體」握柄
產地：瑞典
用途：去皮、除去內臟和在野外切割屠體

....

　　專業狩獵的工作本質是：獵人總是處於一個極其偏遠的地方，只為了狩獵一個大型且很有價值的獵物。如果獵物死後，沒有快速地處理妥當，大多數獵物就會迅速腐化。因此，必須「在野外」為動物放血、去內臟，有時還需要剝皮。如果獵人有後援和交通工具，還可以將獵物帶回再進行處理；但如果沒有，就必須在野外進行基本的切割，而將剩餘部分留給天然清道夫來處理。

　　瑞典的Genzo公司為獵人和常在野外活動的人打造了一系列的刀具。這個野外屠宰工具包包含了精簡版的屠夫刀和去骨刀、一把剝皮彎刀、一把有著反向刀片的去內臟刀、還有一支磨刀棒。

　　為了防止污染，在理想情況下，屠宰動物時應該遠離地面，因此這個野外屠宰工具包也配有自己的皮帶和皮套，讓獵人能夠輕鬆切割懸掛的屠體。

　　除了沒有附上一根可以懸掛屠體的繩子，這個野外屠宰工具包具備了將大型動物完全屠宰成易處理的肉片所需的一切，畢竟對獵人來說，要把捕獲的獵物帶到距離最近的廚房通常也要跑個數百英哩遠的距離。

CHAINMAIL GLOVE 防切手套

刀身長度：N／A.
總長度：252公釐（10英吋）
重量：212公克（7½盎司）
製造商：金華市普瑞機械製造有限公司
材質：不鏽鋼、尼龍
原產地：中國
用途：商業切割作業和生蠔去殼過程中，用來保護手部；筋膜屠宰時增加對
於屠體的抓力

好吧，我知道，嚴格來說這不是一把刀，但是防切手套卻因為非常有趣的原因而成為屠夫工具包中越來越重要的一部分。

最初，職業屠夫和魚販使用防切手套作為沒有持刀的那隻手的保護，在處理濕滑屠體的漫長一日中，另一隻手能穿戴上某個東西以防被割傷，是很好的，而這種依稀是中世紀工藝的織品，也恰恰很適合這項工作。*（現今有一些優質的防切手套，是由克維拉纖維（Kevlar fibres）編織而成，重量較輕，卻能達到同樣的功效。）

然而，現在已經越來越流行以防切手套作為「筋膜屠宰」的工具；「筋膜屠宰」即是使個別的肌肉與屠體分離，並且將它們個別地切割成更均勻切片的屠宰方式。這項技術需要牢固地抓住光滑的肉，並且在不使用刀子的情況下將肌肉扯下來。防切手套就非常適合用來做這件事，適用於任何一隻手，能提供極好的抓力；它很透氣，而且能夠在結束一天的工作後，直接使用洗碗機來清洗。

在網路上花幾英磅就可買到克維拉手套和防切手套，它們絕對值得保留在你的刀具包中，以防萬一。

---

* 如果您打算自己撬開牡蠣，防切手套是一項極其明智的投資。它能幫助更好地抓緊牡蠣外殼，並且避免大量失血的意外風險。

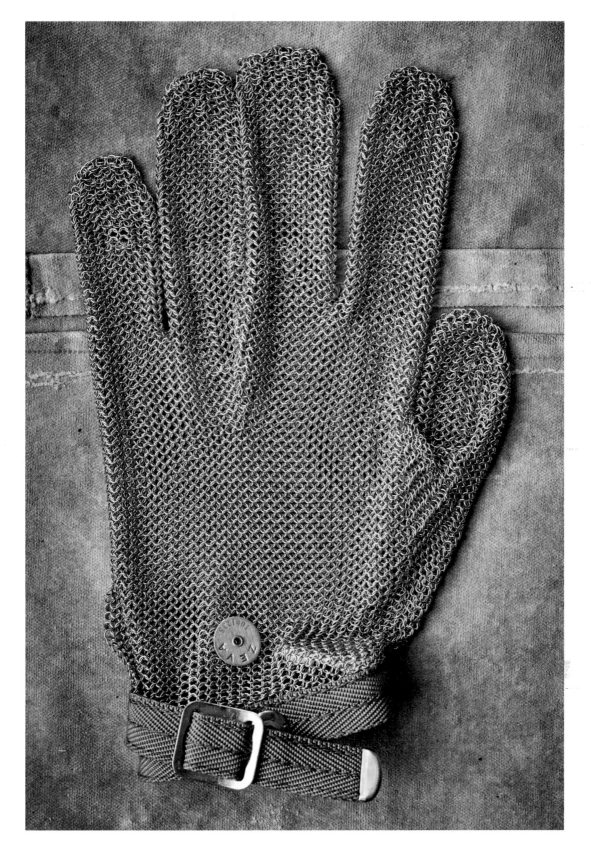

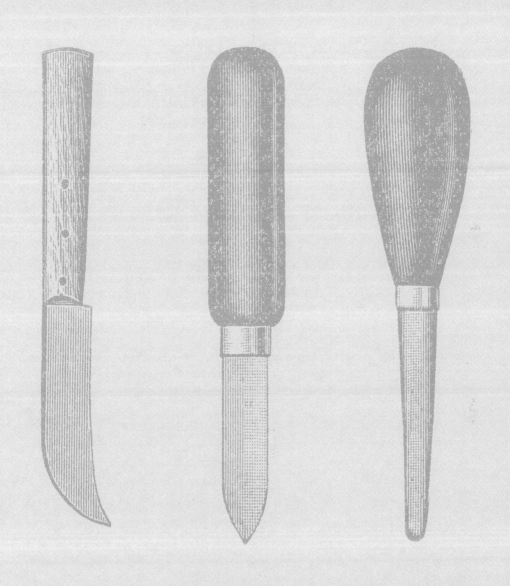

SPECIALISED KNIVES

專業刀具

OYSTER KNIVES 蠔刀

刀身長度：63公釐（2½英吋）
總長度：160公釐（6¼英吋）
重量：35公克（1¼盎司）
製造商：LE ROI DE LA COUPE
材質：不鏽鋼、木材、熱塑性塑膠
原產地：法國
用途：為牡蠣去殼

　　在我們所吃的動物食物中，牡蠣相當地獨特，當牠們被送到餐桌時通常還活著。牠們藉由把一定份量的海水密封在自身裡——如同一個反向的水肺——而得以在陸地存活。殼內儲存了健康的（美味的）脂肪和結實的（美味的）肌肉，用來使殼體保持緊閉和防水，都層脂肪和肌肉具有讓我們這些捕食者們佩服不已的那種韌性口感。

　　沒有牙齒、爪子、毒液或是能夠噴火的能力，牡蠣完全是一種和平的生物，儘管如此，牡蠣每年仍然會比最猛烈的猛禽導致更多人被送入醫院。把貝殼撬開並且切下牠的肉，我們可以經由鋒利的刀刃與槓桿作用的致命組合取得牡蠣肉；但大多數經常和牡蠣這種生物糾纏在一起的人，都曾多次刺傷自己的手。

　　蠔刀有各式各樣的形狀。某種流行的款式有一個短而厚的心形刀片和一個環繞在刀柄上的堅固的環形護手，兩者都是設計來阻止刀子「切穿」外殼而損傷牡蠣肉或是你的拇指肉。蠔刀是一個很好的工具（當與防切手套結合使用時）但是卻不夠精緻。許多有經驗的牡蠣育種者（或愛好者）和專業的剝殼者會使用一把更薄的刀子，只要你練習幾十刀，就可以很熟練地滑入牡蠣外殼上確切的虛弱環節上；而它也鋒利到足以輕鬆地把牡蠣肉切斷。你也可以像靠海為生的人們世世代代都在做的那樣，用一把簡單的袖珍摺刀來做這項可愛的工作，但要確保它的刀片是可以鎖定的，不然它將會割傷你的手指，那麼最終，你就得和一位急診室的優秀醫生分享你的牡蠣了。

　　從照片中可以看出，此種在法國各地都很常見的刀具設計十分簡單，且製作成本低廉。即使是經驗豐富的老手使用蠔刀時，偶爾也會因為碰到較為結實的牡蠣，而使得刀子的末端啪的一聲折斷，所以替換品也不能太貴。

CHEESE KNIVES 起司刀

刀片長度：**各有不同**
總長度：**各有不同**
重量：**各有不同**
製造商：**ROCKINGHAM FORGE（PARMESAN KNIFE FAMA）**
材質：**18/10不鏽鋼，以環氧樹脂來進行木材壓力處理**
產地：**英國和意大利**
用途：**切起司和供應起司用**

  我們常會因為用餐時必須放置在桌上的刀具，而產生奇怪的抵觸心理。 切肉刀通常會被置放在餐具櫃上，較為鋒利的刀子則會被留在廚房裡，只有牛排刀是例外（參見第66頁）——我們只將最無害的刀保留在餐桌上。

  很容易看出起司刀是如何進化的。可以想像一位農場工人把一塊卡爾菲利乾酪切下來，並用他的摺刀刀尖將那塊乾酪遞給同伴，但是這樣的行為並不會在上流社會的餐桌上出現。即使是有著小而靈巧叉型裝置的優雅餐刀（叉型裝置是為了能叉起食物而特別建置在前刃上），也會被被看作是，好吧，也許只有一點點「帶刺」。從此，可以看到逐漸發展出來一種禮貌性地向上翹的前刃。沒有人會對起司刀感到不悅，它甚至能增加一些優雅感，因此我們可以看到，起司刀在整個1950年代迷戀小玩意兒的輝煌歲月中，使得家家戶戶的餐桌變得更加優雅。

  隨著我們在餐後起司的選擇方面變得更具冒險性，一個問題產生出來了——沒有什麼比必須用手指剔除黏附在刀片上、頑強的楔形布利乳酪更不文雅的事了。出於避免這種苦澀不幸的好心，一種多孔的，為此種用途而專門設計的「軟起司刀」應運而生。

  現在已經可以購買到整套的「起司刀」了，裡面甚至包括這種粗劣而彆腳的小砍刀。這些起司刀總會伴隨著一個可愛的盒子，盒上印有每把刀背後不得不加入的基本理由。

  然而，起司刀並不是那麼地缺乏嚴謹。堅韌的帕瑪森乾酪應該被切成碎片而非薄片，才能更完美地展示華麗的紋理和珠寶般分布的鹽粒。將這種結實耐用的小刀塞入起司的表層，並在旋鈕狀的刀柄上以槓桿的方式施力，直到一塊起司厚片剝落，同時留下令人滿意的裂縫。

關於修復和改裝

- -

　　我最喜歡的電影語錄之一來自電影《法櫃奇兵》（Raiders of the Lost Ark）。印第安納瓊斯向他的舊情人瑪麗恩・拉文伍德解釋他精疲力竭的狀態，並且嘰哩咕嚕地說：「這不是歲月，親愛的，這是里程。」

　　就如許多精疲力竭的老人一樣，我喜歡這樣的想法：以老去為榮，根據性格來穿著和折損，然後就如人體上的傷疤和紋身一樣，我們對刀子的修復和改裝也增添了它的魅力。不少廚師會對他們的廚刀進行的最簡單的修改，將廚刀人格化或為它命名。使用加熱的針或錐子將姓名的字母刻在塑料刀柄上，或者是用指甲油來為刀具標記（請參閱第46頁中那把賽巴迪刀的刀柄上，刻上了亨利・哈里斯名字的可愛褪色首字母）。在較舊的木製刀具上，如第73頁的那撒尼爾・吉爾平（Nathaniel Gilpin）系列，你可以用另一把刀子輕鬆地鑿出識別標記。現在，許多刀具店都會為顧客在刀具上刻上名字，雖然這種方式並不像印第安納瓊斯那樣粗魯和冒險。當刀具受損時，它們通常可以以一種能夠延長壽命並增強魅力的方式修復。在下一頁的圖片中，會看到一個酚醛質的刀柄，因為一個好心人把它放到洗碗機中去洗滌，而破裂開來了。刀子的主人冷靜下來後，使用Fymo泥膠（美術用品店可買到的風乾泥膠）填補了刀柄上的裂縫，只要沒有人再把那把刀放到洗碗機裡去洗，它就能夠再繼續用上幾年。

　　圖中美麗的碳鋼三德刀不小心掉到石材地板上，以致於前刃被折斷。大約半小時左右之後，刀子的主人用粗磨刀石（參見第202頁）將損壞的前刃重新塑造為那把刀原有的規格，讓它既有用又獨特宜人。

　　某些修改並不是因為修復，而是讓刀子更便利使用。長時間使用沒有刀枕的刀子，尤其用濕濕的手來持握，可能會導致食指第二關節不時碰撞到刀背因而起水泡。圖中的那把中式菜刀已經紮上了繩子，以利於長時間片魚的工作。

　　萬能橡皮泥（Sugru）是一種矽基的塑型黏土，它可以用手工捏塑，風乾之後就成為幾乎像橡膠一樣堅韌的表面。而萬能橡皮泥也常發現被用來「改裝」無人機、濃縮咖啡機、比賽用自行車變速桿或其他時髦的小工具，產品設計師、創客和技客們等喜愛自己動手做的族群都很愛用。人們遲早會發現，經由一系列經得起時間考驗的修改而創造出一個高科技的版本，會是多麼偉大的事。修復或改裝刀子就像是因為自己喜愛的寵物生病或受傷，而更加愛護牠一樣。你很高興能讓它起死回生，即使修改後看起來有點不平衡，但不知何故，就是會更加喜歡它。

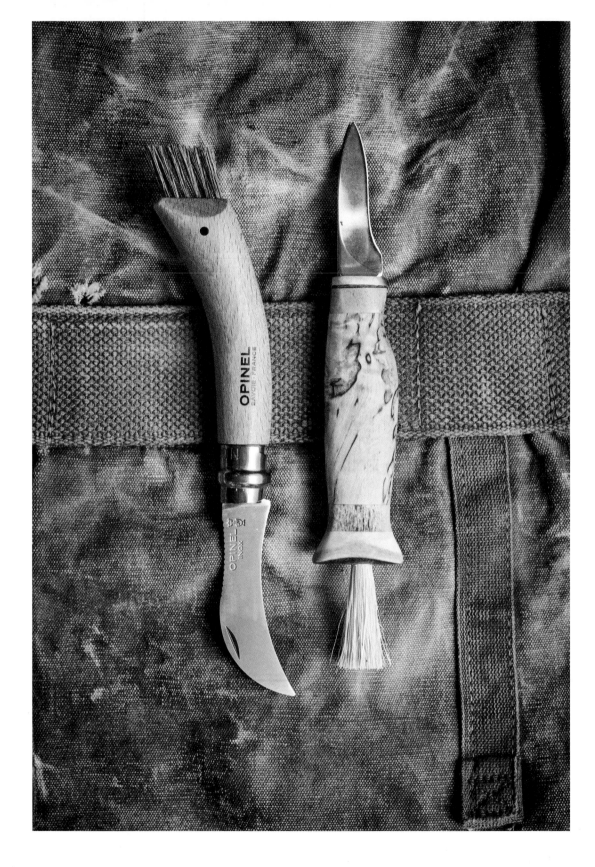

MUSHROOM KNIFE 磨菇刀

奧皮尼版磨菇刀（OPINEL）
刀身長度：70公釐（2¾英吋）
總長度：205公釐（8英吋）
重量：48公克（1¾盎司）
製造商：OPINEL
材質：SANDVIK 12C27不鏽鋼、橡木、豬鬃
原產地：法國
用途：採收及清潔蘑菇

芬蘭版磨菇刀（PUUKKO）
刀身長度：56公釐（2¼英吋）
總長度：200公釐（8英吋）
重量：52公克（2盎司）
製造商：N／A（手工和無品牌的）
材料：不鏽鋼、北極的捲曲樺木、鹿茸、黃銅、鬃毛
原產地：芬蘭
用途：採收及清潔蘑菇

在英國，我們傾向於害怕任何不是被衛生地包裝在塑膠袋裡的蘑菇，然而，特別是在整個北歐，「採蘑菇」（mushroom foraging）卻是一種常見的休閒活動。

與所有的砍刀、劈刀和切肉刀相比，蘑菇刀是一個精巧的小東西，之所以會如此，是因為你所採收的蘑菇實際上只是一個更大的有機體組織——菌絲體的子實體，而菌絲體則會繼續留存在地下。如果在切下蘑菇時，能夠盡可能地把對底層菌絲體的傷害減至最低，那麼菌絲體將會長時間地定期長出蘑菇，提高收穫量，至少理論上是如此。

蘑菇刀有短而鋒利的刀片，以用來切斷土壤表面下的蘑菇莖；也有一個精緻的小刷子，可以去除任何黏附在蘑菇上的污垢，而不會擾亂孢子或損壞菌褶。左頁的左例是奧皮尼（Opinel）版本的蘑菇刀，在法國相當常見；而右例則是以傳統芬蘭皮帶刀為基礎所製造出來的漂亮蘑菇刀。

TRUFFLE SLICER 松露切片器

刀身長度：58公釐（2½英吋）
總長度：173公釐（7英吋）
重量：98公克（3½盎司）
製造商：PADERNO
材質：不鏽鋼
產地：加拿大
用途：刨削松露、巧克力、帕馬森乾酪、大蒜和烏魚子

　　松露具有獨特的紋理，它比一般的蘑菇更為堅韌與木質化，但又比根莖類蔬菜柔軟。松露的味道非常濃烈，需要切成非常薄的薄片來食用，同時因為松露的味道轉瞬即逝，還必須剛剛好在食用前幾秒鐘，就在餐桌上進行切片。松露切片器或松露刨刀的形狀優雅到足以直接放置在食客面前，它所切片的厚度可以根據慷慨或喜好程度來調節，而它的刨刀則是非常鋒利。

　　人們常說，齒痕型的刀片，就如右頁中看到的這把，最適合用來刨削黑松露，而直刀片則較適合刨削白松露。而我使用這把刨刀成功地刨削了黑松露和白松露兩者。不過，直刀片其實更適合用來刨削巧克力、帕馬森乾酪和大蒜——這是可用上述兩種刀片利落地刨片的其他食物。但是仍要注意，松露切片器基本上是一個曼陀林切片器，雖然是小型的，且沒有任何保護裝置，所以可以肯定的是，它也同樣容易把你的指頭削去，並且帶來劇痛。

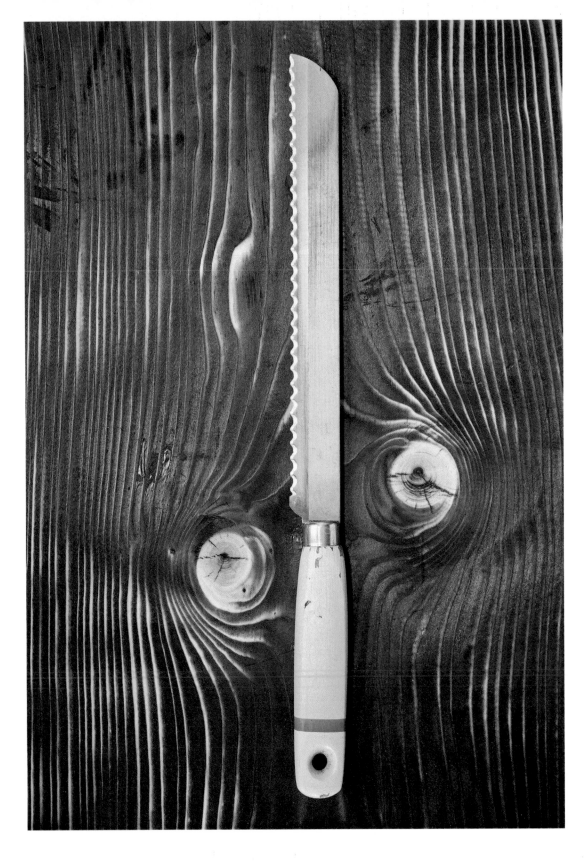

BREAD KNIFE 麵包刀

刀身長度：210公釐（8¼英吋）
總長度：310公釐（12½英吋）
重量：130公克（4¾盎司）
製造商：PRESTIGE（SKYLINE）
材質：不鏽鋼、木材、鍍鉻鋼鐵
產地：英國
用途：切麵包

　　雖然英國人不能真正聲稱鋸齒狀的麵包刀是全然屬於英式的，但它也不是經典法式套組中的一部分，而在日式料理中也不會用到它。在日式料理中，小麥並非是一種慣用的材料，也沒有製作酵母麵包的傳統。英國是第一個實現工業化烘焙的國家，也是第一個逐漸發展為熱愛大型磚形麵包的國家，這種麵包受益於一種專業的切割工具。很難將新鮮麵包切割的整整齊齊，但是大約放置一天左右，而且麵包皮不是太堅硬的話，通常就可以用普通的長刀來為麵包切片了，只要你小心一點地切。然而，只要看到鋸齒狀的刀片*，就意味著可以看到一塊塊的麵包，而那些肥胖、柔軟的白色門擋，早已成為英國菜餚的文化標誌了。

　　雖然麵包刀看起來通常不太美麗，但是即使有其他相當不錯的刀子可以替代時，麵包刀也將存在於英國廚房中——那個微波即食餐的薄膜常被用餐刀瘋狂地刺穿或用香煙頭燒焦的地方。

　　麵包刀的存在是對優質、保存完好的刀具之美的一種反駁，但是它的功能和無所不在，則給它帶來了一種醜陋的魅力。大多數廚師會告訴你，最糟糕的廚房傷害通常是來自於麵包刀。在正常情況下，人們會拿一把普通鋒利的刀子，以很小的力道或動作來進行切割，但是拿麵包刀來切東西時，則需要用力鋸切，而這常會導致較嚴重的傷害。† 特別致命的是朝向手部切割麵包卷，因而導致「貝格爾撕裂」（Beigel Laceration），這是美國廚房中第五大常見的傷害。

---

* 具有簡單扇貝形鋸齒的麵包刀可以磨利，但那些具有複雜「鋸齒」刃的麵包刀則無法進行研磨。

† 有些同樣擁有令人驚訝的刀刃結構的刀具，有時曾作為「冷凍刀」來出售——這樣的名稱是因為，具有像伐木鋸一樣刀刃的刀子，可以用來切割堅固的冷凍食材。坦白說，冷凍食材是非常難切的東西。

ELECTRIC CARVING KNIFE

電動切片刀

刀身長度：210公釐（8¼英吋）
總長度：498公釐（19英吋）
重量：767公克（27盎司）
製造商：SEARS ROEBUCK&CO
材質：不鏽鋼、塑料
原產地：美國
用途：分切肉類熟食、家禽、烘焙食品

　　電動刀具的出現，是在戰爭期間一場關於「節省勞動」廚房設備的暴風雪中開始的。它們經常被稱為「切片」刀——這個術語使它們充滿某種優雅的聲望，但事實上，它們其實是把鋸齒麵包刀和電動綠籬修剪機的技術給結合在一起。左右兩側薄薄的刀片，鬆散地貼在一起，同時以以快速往復的動作來回滑動，可以愉快地消化大多數食材，而毋須人們投入太多的體力操作。

　　在20世紀1950年代和1960年代的繁榮時期，電動切片刀與熱油（或起司）火鍋套組（fondue set）以及片魚刀（fish knives），還曾一度被認為是合適的婚禮禮物。因此，有許多家庭的餐具櫃裡，還潛藏著上述物件的原始包裝——如幽靈般地提醒著，當社會的渴望，透過消費，超越了對於刀具設計的實用考量，但在本書中的所有刀具，所有美麗而昂貴的刀片中，這把電動切片刀可能是具有最廣泛文化意義的刀具。它讓人相信技術總是在進步；故意將商品設計得不耐用以便有計劃地淘汰；戰後消費經濟之慷慨恩惠；社會期望之誘惑以及大眾媒體廣告的力量……這把怪誕而無用的*電動切片刀是對上述所有這些敘述的一種迷戀。

　　這把從美國西爾斯公司（Sears Roebuck）買來的電動切片刀，帶有壁掛式裝置——它和電動開罐器和廚房電話一起，皆為新裝配廚房中的流行特色，卓越的配色方案將「酪梨」和「仿柚木」的顏色結合在一起，打造出令人驚嘆的「當代」效果。

---

*　電動切片刀最後終於找到了它的用途：道具設計師、布景設計師以及模型船設計師們發現，電動切片刀非常擅長切割新的奇蹟產品——發泡聚苯乙烯塑料。

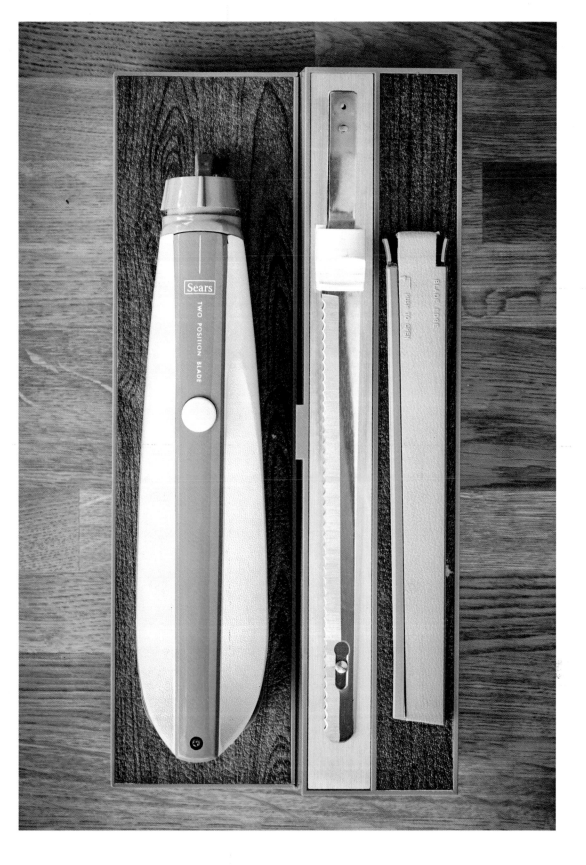

關於切肉

在中世紀的餐桌上，大塊的肉是一種極其高級的食物。分切它們並且按照正確的階級順序來將肉塊分發給客人，是一種需要專業技能的行為。那時，餐廳裡的每個人都會把他們自己的餐刀繫在腰帶上，但是站在貴賓面前揮動著一把極其大的切肉刀，這就是我們今天所謂的「安全隱患」。出於這個原因，切肉者（Carver）的角色通常會被分派給一位高度信賴且受人青睞的紳士，而他會將切肉當作一種紳士藝術來學習。

在1508年，倫敦的出版商沃恩・德・沃德（Wynkyn de Worde）出版了《切肉之書》（Boke of Keruynge），這是一本寫給那些希望自己在宮廷或大宅裡被賞識的年輕人的早期的自助書。它涵蓋了組織宴會所需的大部分技能，但也為不同肉品應該被切割的所有方式，提供了一長串被大量引用的專門術語表。

那是一個可以引用的有趣列表，但令人遺憾的是，它實際上並沒有給我們太多細節。[†] 從一些當代的版畫中可以看出，人們已經把肉類放置在餐桌上的烤肉叉上，以「垂直」的方式切割及進行燒烤了。有一個情況非常令人欣慰：為了彰顯自己的偉大，當時亨利八世讓人供應肉類給他的方式，也只不過就像你我如今得到一串土耳其旋轉烤肉那樣的場景而已。

切肉在許多文化中具有巨大的社會意義。在《智慧的七大支柱》（The Seven Pillars of Wisdom）一書當中，英國軍官T. E. 勞倫斯（T.E. Lawrence）描述了他在沙漠帳篷中與哈威塔特（Howeitat）部落成員的盛宴，以及每個男人是如何藉由從一個盛有米飯和烤羊肉的大黃銅盤中為他切肉，來榮耀他的客人。

[†] 然而，沃恩・德・沃德確實有效地提醒了年輕紳士，可以在幫助主人著裝時，藉著利用爐火來為內衣加熱，以獲得他主人青睞。

「隨著肉堆不斷地被磨損（沒人真正關心米飯：肉類才是奢侈品），與我們一起享用的其中一位哈威塔特酋長會拔出他那有著銀色劍柄、鑲嵌了綠松石的匕首——那是刻印了來自阿拉伯焦夫省的穆罕默德‧伊本‧扎里（Mohammed ibn Zari）名字的傑作——並且會從較大的骨頭上，以縱橫交錯的方式切下用手指就可輕鬆撕裂的長條菱形肉塊；必須用非常溫柔的方式來烹煮它，且上述的所有工作都必須使用象徵著高尚品德的右手來進行處理。」*

也許今天仍然廣泛地在實行的最壯觀切肉儀式，是在伯恩斯晚餐（Burns Supper）上，在那裡，人們猛烈地刺戳著不斷滲出汗珠、痛苦呻吟著的肉餡羊肚（Haggis），傳統上是用Sgian-dubh這種匕首來切肉的。†

查爾斯‧狄更斯（Charles Dickens）對於我們國家在食物方面的自我形象產生了重大的影響。他把家庭聚餐、歡樂的伙食，作為充足、繁榮以及世界上普遍性正義的象徵。一家之長會在擺滿食物的餐桌前端磨刀霍霍，準備逐一分配食物，並且分發他所努力掙得的報酬，這多少象徵了他對一個健康、快樂社會的憧憬。到目前為止，這個意象仍然是我們文化DNA的一部分，當我們以盒餐匆匆裹腹時，我們會感到內疚，也鮮少會全家人坐下來一起享用。

有一種特殊類型的切肉套組，現今最常在二手商店看到。它有一個經錘打而成的破舊皮革盒子，並且包括一個雙叉的切肉餐叉，還有一個裝了彈簧的按扣保護裝置和一把磨刀棒，所以爸爸可以儀式性地磨刀，還有一把「切肉刀」。通常在爸爸的費力研磨下，這把切肉刀已經被磨成不規則型的尖狀物了。這些刀的刀柄不是白骨所製——旨在模仿象牙——就是雄鹿角所製，似乎對於我們永遠不會擁有的莊園產業遠遠的提醒。我不知道是否還有人真正在使用這些套組，但無論它們是被遺忘的婚禮禮物還是由祖父母留給我們的，都會繼續潛伏在抽屜裡。

磨損和被忽視的切肉刀，或許會是文化失落最可怕的象徵。狄更斯的聖誕節盛宴是虛構的作品——那是一種癡心妄想，甚或是宣傳——而所謂的聖誕節盛宴實際上可能比我們所想像的更少見。然而，我們都感到遺憾的是，我們不再會為了吃飯儀式而團聚在一起，然而在其他文化中，吃飯儀式仍然是家庭生活中很重要的部分。許多人已經忘記如何去切肉，有些人則害怕去嘗試，其實切肉是一件簡單的事情——你可以從烤箱取出食物，把它拿到餐桌上，並且遞給某人一把刀且讓他有榮幸嘗試切切看，而不是把食物放在廚房裡直接切好並分裝在盤子裡。

---

* 出自《智慧的七柱》（Seven Pillars of Wisdom）116章。這本書是古騰堡工程（Project Gutenburg）的一部分，可以在線瀏覽，而它毫無疑問地是我一直喜愛的食物寫作作品。

† 註：伯恩斯晚餐是為緬懷蘇格蘭重量級民族詩人羅伯特‧伯恩斯所舉行的慶祝晚宴，通常在1月25日——伯恩斯的冥誕日舉行。在伯恩斯的晚餐中，「肉餡羊肚」是少不了的傳統美食。

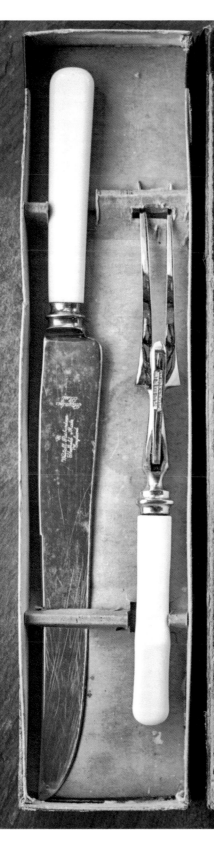

切肉的十個法則

1

切肉前，先將肉靜置一會兒。此項法則有幾個注意原則：靜置的時間約是烹飪時間的三分之一；每3公分厚度的肉要靜置10分鐘；每公斤的肉要靜置20分鐘，但最好的方法是使用「探針溫度計」來探測。一旦某塊肉的核心溫度降至50°C，即顯示出其肌肉纖維已經完全放鬆，這意味著肉汁將能保留在肉體之內，而不是大量地流失到餐盤上。經過適當靜置的肉，切起來會非常漂亮，甚至橫切過纖維時，纖維也不會破碎。

2

檢查並確認你的刀子是鋒利的。要劃下長長的一刀時，記得使用你所擁有的最長的那把切肉刀。慢慢地切。如果刀子夠鋒利，甚至可以考慮將手指放在刀脊上，以更妥善地控制刀身。

3

是的，當然，我們都希望能夠如燒烤店中的師傅一樣切出極薄、厚度均勻的切片，但是他整天都在切這些東西，並且可能還切一些無趣的令人厭倦、稍微過度烹飪的肉。別緊張。就把肉切成讓你感覺舒服、而你也會吃得開心的肉片即可，千萬不要覺得羞赧。以我自身為例，我喜歡肥厚多汁的肉片。

4

使用切肉叉來固定住所要切的肉品或關節，在實際切片時，要平行於叉齒或儘量遠離它們。盡量避免在鋸切關節時，你精心磨利的刀子竟與切肉叉相撞那種令人不悅的感覺。切肉時，專家們還會用叉子去拉扯家禽的腿和翅膀。他們會將家禽腿的末端放在叉齒之間，然後扭轉切肉叉。這應該能把家禽的腿從牠的軀體上扯開來，並且使得刀子該從何處滑入，變得更加明顯。

5

在烹調家禽肉前，如果先為其去除叉骨，那麼分切家禽肉就會更加容易，可從家禽的胸部直直地、不中斷地切下去。

6

對於雞和土雞，也很適合從牠們的胸腔處去定位髖關節，並且在烹調之前，以鋒利的刀子切開牠們的肌腱。

7

當你準備好要去切雞肉時，簡單地從髖關節直劈下去，把雙腿切下；盡可能地取出整塊雞胸肉，但如果可以的話，試著在雞翅膀底部留下一塊適當的肉塊，這將使翅膀成為非常可口的美食；順著紋理將雞胸肉切片；用刀跟劈砍雞的「膝蓋」，小心翼翼地，讓刀子順著它自己的方式來切斷關節；雞的小腿肉可以作為單份的餐點，而雞的大腿肉則可用長切的方式，使其與骨頭分離。

8

要切羊腿或鹿腿時，用一隻手握住被布裹住的骨頭，把腿從砧板上舉起來，並且以一道道長刀劃過的方式來進行切割，切割時刀身要平行於畜體之骨骼，並且遠離你自己的身體。這個畫面看起來會令人印象非常深刻，似乎就像你將要成為沃恩·德·沃德書中所描繪的年輕貴族一樣。

9

先把肉從牛肋骨中切下來，如此你就有一整塊無骨的牛肉可以順著紋理切片了。稍後再來分切肋骨，以供食客啃食。

10

切牛肉、羊肉或豬肉時，只需切下你想食用的份量，這樣肉才能保持溫熱，而剩下的肉則可整塊儲存起來。

應該盡快地徹底剔除家禽的骨頭，因為將帶骨的禽體冷卻時，會產生令人不悅的味道。

AXE 斧頭

刀身長度：65公釐（2½英吋）
總長度：320公釐（12½英吋）
重量：677公克（24盎司）
製造商：WETTERLINGS MANUFAKTUR AB
材質：碳鋼、山核桃木
原產地：瑞典
用途：用來劈砍室外烹飪、輕型屠宰時所需的木材

　　有許多不同的烹飪刀具，都可以採用和斧頭類似的方式來使用，所以，若不將身為其原型的斧頭視為一種烹飪工具，可能會是錯誤的。美國的屠夫們有時會把切肉刀稱為「肉斧」（meat axe），我看到幾個斯堪地那維亞的燒烤團隊使用他們用來劈砍原木的同一把斧頭，來切割他們所烤的羊隻並且直接上菜。

　　圖中的斧頭是一個小型的瑞典Wetterlings獵人斧頭#115。它很輕，設計來配掛在腰帶上。這把斧頭的製造商告訴我們：「尖銳的斧頭可以為你提供屠宰所需的額外力量——就如這把斧頭一樣。這把斧頭也是為了預防任何意外發生，需要放在車輛行李箱中隨時備用的一個明確的物品」。如此，意外發生時，便可以用這把斧頭來應付橫倒在路上的一棵樹，以及需要照顧的受傷動物。

　　我已經把我的斧頭磨得可能比劈木材的斧頭還要銳利一點點，並且用它在篝火上燒烤大塊的肉類，以供派對食用。

PICNIC KNIVES 野餐刀

你當然可以把通常會在廚房使用的任何刀具小心地打包起來，好在戶外野餐時使用。但是許多獨創力已經被投入到設計專門用於野餐的刀具上，而來自不同傳統的、相當多傳統鄉下人所用的刀具，則已經成為野餐食品籃裡的流行裝置。

位於照片左側的是一把來自美國刀具製造商 Lamson & Goodnow的巴塔野餐折刀（Bâtard Folding Picnic Knife），它相當適合用來切麵包 —— 雖然我個人喜歡用手撕麵包 —— 而這把刀的鋸齒狀刀刃也可用來切割煮熟的肉。

與賽巴迪（Sabatier）一樣，拉吉奧勒（Laguiole）實際上並不是商標名稱，而是法國城市蒂耶爾（Thiers）所製造的一種刀具風格和Goodnow公司指標。它們的品質可能大不相同。左邊的第二把刀是年紀較大的拉吉奧勒刀，特別適用於戶外燒烤。超長的刀片意味著這把刀必須存放在一個特製的鞘套中，但是一旦將它從鞘套中抽出，它就會成為一把雖然生鏽但卻值得稱讚的切肉刀。

接下來是一把高品質、形狀傳統的拉吉奧勒刀，我將它保留在汽車儀錶板上的置物箱中，用於道路上需要烹飪的緊急情況。此外，還有一把厚重粗短的褶刀（clasp knife），也是拉吉奧勒風格的刀具，適用來切起司——當然得經過一番奮戰。右側則是一把橄欖木刀柄的西班牙刀具，它的製造商名字不詳，但是用它來切最難切的香腸，絕對事半功倍。

在右頁最底部，是法國刀具商克勞德·多佐姆（Claude Dozorme）所設計極其昂貴的折疊式刀叉組。它是個美麗的東西，但是我不禁覺得，如果你都需要用到一對刀叉了，或許你應該在室內優雅的用餐。

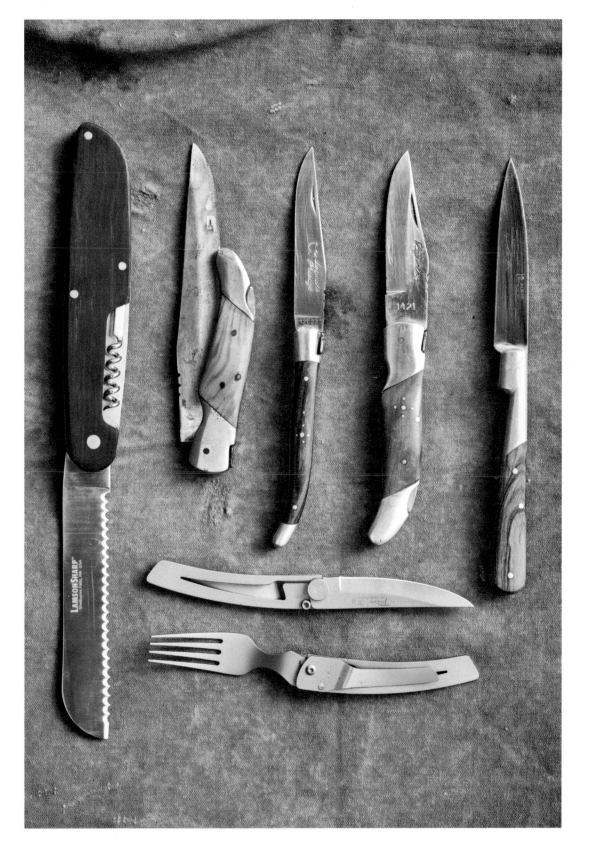

INDIAN MARKET KNIVES

印度市場刀具

總長度：各種尺寸
製造商：手工製造
材質：廢棄和壞掉的鋸刀、汽車彈簧片、廢金屬管和從裝貨箱拆下來的木料
原產地：印度
用途：一切用途

　　這套刀具是以2000盧比（約850元台幣）在印度焦特布爾的一個街頭市場上，從一位製造它們的老婦人手上買到的，但是，這樣的刀具可能很容易來自這個星球上的任何地方的市場裡。在任何有工廠或車庫的地方，工具鋼材每日皆可以被回收利用。左頁中的刀具是由破碎的鋼鋸片或汽車廢料的彈簧片所製成。這些刀具是用石頭或簡陋的磨刀輪所磨利，而它們的刀身則是以釘子或鐵絲「鉚接」在刀柄上。

　　印度並沒有獨特、土生土長的廚刀，所以有趣的是，這些刀具──例如法式或日式刀具──是如何從不同的持握和切割動作所發展出來的。右圖中的尖刀顯然可以像柳刃那樣進行長切片的動作，並具有足夠的關節間隙，得以用「鎯頭握」來持握。第二把刀是兼具薄刃或中式菜刀傳統的一把砍刀。而其餘三把沒有關節間隙和圓形刀柄的刀子，則設計用於「橄欖形刀法」、不觸碰到砧板的切法。

DAO BAO 刀寶

刀身長度：116公釐（4½英吋）
總長度：225公釐（9英吋）
重量：47公克（2盎司）
製造商：手工製造
材質：廢金屬刀片、當地木材、黃銅
原產地：泰國
用途：在路邊或攤位上為蔬果較硬的蔬果削皮及刨絲

刀寶是來自東南亞的一種蔬果削皮刀，也是全球刀具家族的完美典範，它帶有一個「防護」刀片，可以控制刀子穿透食材之深度。在某種意義上，這即是安裝在刀柄上的刨絲或曼陀林機制。

用刀寶沿著一個較硬的蔬果表面刨削，會削出一條長長的蔬果皮——就像日本桂剝旋轉切割的簡易版本（參見第98頁），因此非常適合用刀寶來將比較難切的根莖類食材，刨削為可口美味的沙拉。當然，這也使刀寶成為快速、準確剝皮的理想工具。事實上，刀寶是媽媽們的老派馬鈴薯削皮器的直接親戚，甚至是專業廚師所鍾愛的商業用「刨絲器」。

與其他刀具不同，使用刀寶時，很容易會受到使用姿勢的影響。刀寶之所以受街頭攤販歡迎，就是因為他們可以在戶外以蹲姿準備食物，直接把蔬果皮刨削到盤子裡或鍋子裡。

沿著刀寶的一邊還有第二個刀刃，可以用來在砧板上進行一般的切割。

FRUIT AND VEG
CARVING KNIVES

蔬果雕刻刀

在eBay以低於40英鎊（約1600元台幣）的價錢，廉價標售的這一套中國製造的水果與蔬菜全套切割配備，可能會是你所能買到的最便宜的刀具，而你並不知道自己其實很需要它。

在中國、日本和東南亞，果雕（vegetable carving）是優雅餐桌布置的一部分，廚師們藉機展示他們令人難以置信的創造力，這些巧思是以蔬果食材為基礎的異想天開，與法國名廚瑪麗．安東尼．蓋馬（AntoninCarême）偉大的「裝飾性甜點與蛋糕」（pièces montées）相互呼應。

你可以用一把小型的削皮刀和解剖刀做一些利落的細活，但是這個蔬果雕刻刀套組還包含了數十個小鑿子、半圓鑿、削木刀（whittlers）和小鏟子（turner），以及適合各種中國社交場合的模子與切刀。

購買一個蔬果雕刻刀套組來進行實驗吧。如果你使用馬鈴薯來做實驗，可以隨時把失敗品煮熟並且搗成泥狀。箱子裡75%左右的工具你可能永遠都不會使用到，即使你搞懂了這些工具的大概用途，但過程中你很有可能也將發現數十種，運用剩餘工具的不同方法。

其中一個很好的例子就是挖球器（melon baller），它的中間是一個奇怪的鉻金屬製品，而兩端則是半球形的勺子。從表面上看，這是個最愚蠢的工具，它幾乎定義了什麼叫做礙腳無用的廚房小工具。畢竟，這年頭……誰會去為瓜果挖球？然而，在大多數曾經受過正統訓練的廚師刀具包中，你會找到一兩把挖球器被小心地收藏起來。就像有著鋒利邊緣的小冰淇淋勺一樣，雖然挖球器最初可能是用來製作裝飾性水果球，但是它們在專業廚房中卻有幾十種方式可以發揮效用：譬如被用在替為蕃茄去掉果肉和去籽；為已經剖成一半的小黃瓜去籽；俐落地為瓜類去籽；從柑橘皮裡刮下襯皮；為馬鈴薯挖去芽眼；甚至，據我們所悉，挖球器還會被用來從豬頭上挖去豬眼。

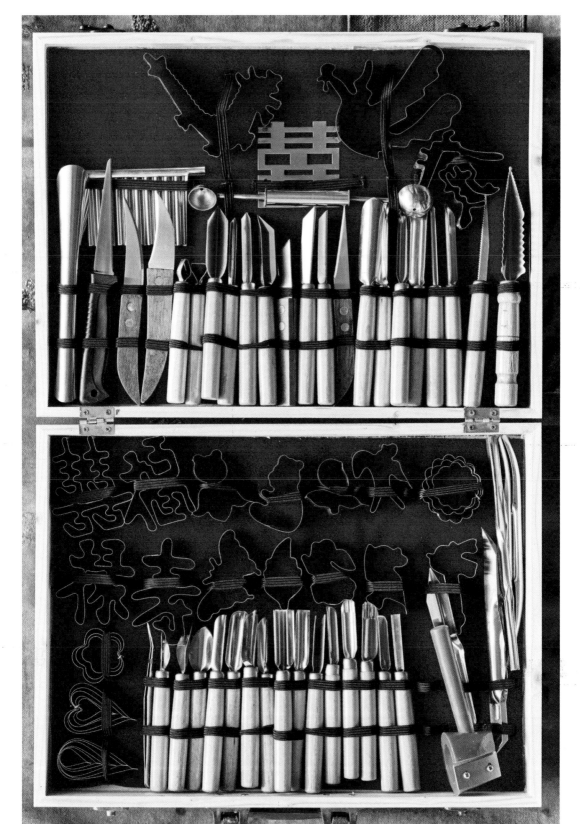

JAMONERO/SALMON SLICER

鮭魚切刀

刀身長度：**320公釐（12½英吋）**
總長度：**435公釐（17英吋）**
重量：**141公克（5盎司）**
製造商：**GLOBAL**
原料：**CROMOVA18不鏽鋼**
原產地：**日本**
使用：**展示性的切割**

　　這款**現代化的切刀**是由Global公司生產的，而Global公司是率先向西方世界出口刀具的日本公司之一。精緻而帶骨的伊比利亞火腿（jamón ibérico）和蘇格蘭煙燻野生鮭魚是兩種高品質的食物，需要盡可能在接近供餐的時刻小心翼翼地為它們切割，也需要為它們實施某種程度的上菜秀；長而薄、像劍一樣凶惡的切刀，只是執行這項工作的工具。

　　就如生魚片切刀一樣，鮭魚切刀也很長，使得它能夠以一刀切的方式切魚，並且避免食物切割面上出現令人不快的「鋸切」痕跡。鮭魚刀的刀片具有彈性，因此在一刀結束時，可以彎曲鮭魚刀，使其平抵鮭魚皮內側。因為刀身平行於魚皮、魚骨頭切割，所以不需要碰觸它們，也不須觸碰砧板。因此，如果小心使用，可以把鮭魚切刀磨得比其他刀具更加鋒利，因為它永遠不會被堅硬的東西重創。

MANDOLINE 曼陀林切菜器

刀身長度：100公釐（4英吋）
總長度：390公釐（15½英吋）
重量：1600公克（56盎司）
製造商：BRON-COUKE
材質：不鏽鋼
原產地：法國
用途：將蔬菜、水果、起司細緻地切片和切成細條

　　很少**切割器材**會像曼陀林切菜器（mandoline）一樣在廚房中引起恐慌。它應該是一個可愛的東西——一個受控制的刀片，安全地固定在一個具有保護性的框架中，而食物則在框架上滑動。刀片被覆蓋住，但深度可以調整，像是向上翹的木板。用曼陀林切菜器切菜，理論上應該比使用一把大而醜陋的裸刀更安全，但事實上，曼陀林切菜器太容易被濫用，以至於幾乎每個使用過的人，都曾以令人難忘的不悅方式切傷過自己。

　　小心翼翼並懷有警戒地使用曼陀林切菜器切菜，可以切出讓最老練的廚師也為之汗顏的「完美的蔬菜薄片」。曼陀林切菜器還可以為蔬果切出「波浪狀的」邊緣，並且可以切換一系列垂直的「梳子狀」刀片，而這些刀片只要輕輕一刮，就能將蔬菜切片刨成細絲。

　　傳統的法式曼陀林切菜器* 是一個沉重而設計精美的鍍鉻廚房雕塑。它也是清潔上的沉重負擔。

---

*　我一直把我的法國曼陀羅切菜器保存在它原始的、沾了血的盒子裡。它提醒我每次都得使用保護裝置。

JAPANESE MANDOLINES

日式曼陀林刨切器

刀身長度：**90公釐（3½英吋）**
總長度：**310公釐（12½英吋）**
重量：**259公克（9盎司）**
製造商：**BENRINER**
材質：**不鏽鋼、塑膠**
原產地：**台灣**
用途：**精細切片和將蔬菜切成細條**

「**桂剝**」是日本料理獨有的刀具技術。* 然而，桂剝是極其困難的，甚至在家庭烹飪中，也常需要切出超薄切片和細條，所以，曼陀林切菜器會是比較正確的工具。以上所指的並非法國人所鍾愛的大型、令人生畏的鍍鉻曼陀林，而是輕巧的英國製塑膠曼陀林，同樣能夠快速地完成所有的工作，而成本僅需要幾便士†。這些都非常有效，許多西方廚師現在會使用塑膠曼陀林來代替傳統的曼陀林切菜器。

也許是因為即使是塑膠曼陀林切菜器也會切傷手指，日本人也發明了「旋轉刨切器」（turning slicer，亦即日式曼陀林刨切器），在使用這機器時，蔬菜會被裝在一個旋轉軸上，再向上提供給一個固定的刀片。原始型的旋轉刨切器（如本頁下方的圖）是讓蔬菜保持垂直並朝蔬菜的面部削切，但是也有其他版本的旋轉刨切器，是讓蔬菜以水平方式旋轉，而刀片則是從側面刨削——更準確地複製桂剝，但是只能用於切白蘿蔔和一些其他的圓柱形蔬菜。

旋轉刨切器被重視「健康飲食」的人群匆匆地發現，並且被重新推向市場，成為昂貴的「螺旋切絲器」（spiralizers）。在這個更加開明（有見識）的時代中，你應該毋需任何理由，趕緊去買一台來。

* 　請參閱第98頁的說明。

† 　註：便士是英國最小的貨幣單位，100便士為1英鎊，約台幣40元。

MEZZALUNA 半月刀

刀身長度：286公釐（11¼英吋）
總長度：286公釐（11¼英吋）
重量：260公克（9盎司）
製造商：A.L.O
材質：碳鋼、橄欖木
原產地：未知
用途：細切肉類、香菜、堅果

　　Mezzaluna意為「半月」，是一把可用來進行搖刀動作的雙柄半圓型刀具的義大利名稱。小型的半月刀* 通常是用來切碎堅果、香草和大蒜，並且可能會擁有一個、兩個或偶爾三個平行的刀片。還有另一種單柄半月刀，刀柄被安裝在刀身的中間，並且還帶有一個特殊的碟形木缽——被稱為「hachinette」。這個版本的半月刀成為漂亮但毫無意義的廚房小玩意的一員，因為它們在功能或效率方面並未優於普通刀具，但是要去清潔與收藏它們，卻是件苦差事。

　　然而，較大的半月刀雖然是單刃刀，卻很結實而鋒利，可以用於切碎肉類。事實上，法國人將它們稱為「剁刀」（hachoirs），因為它們是採用向下切片的動作，而不是藉由切碎機來強迫搗爛和擠壓食材，它們能切出較粗的肉塊，而所切出來的長方體食材亦可保留更多的汁液。與任何其他工具或器具相比，剁刀能切出更好的韃靼牛排肉（steak tartare）和較為多汁的漢堡肉餅。

★　在法文中被稱作「Berceuses」。

SHARPNESS

關於研磨廚刀

關於割傷

每一位使用刀具的人，都會在某種情況下割傷自己。把割傷稱「意外」似乎有點天真，因為我們知道它註定會發生。業餘愛好者會切傷自己，是因為他們的技能不足，但是專業人員也同樣經常割傷自己，因為他們學到的技能讓他們更快速、更頻繁地使用刀子。當然，有些愚蠢的行為是該避免的，諸如：切割食物時沒把食材拿好、試圖抓住正在往下掉落的刀片、將刀子用於意料不到的目的、把刀子留在錯誤的地方等等。甚至可以藉由購買更多預切好的食材，或者使用食物料理裝置和機器，並設置滿滿的安全防護裝置、保險開關及貼滿警示訊息，來防止被刀子割傷。也有完美耐用的防切手套，但是大多數廚師寧願死於千刀萬剮，也不願意戴上防切手套。

他們會說，防切手套阻隔了他們對於食物的手感觸覺。

所以，被割傷真的是難免的事。

我們只是廚師；當刀子割傷我們時，我們難道不會流血嗎？如其他人一樣，我們也會感覺到刀片劃過充滿神經末梢的皮膚時那種原始而接近尖酸的酌痛感。但是後來有一些完全不同的東西開始浮現。當你向廚師問起他們的刀傷，他們所談起的不會是所憶起的痛楚，而是當時所流的血。向來，當廚師們喝醉時，他們經常會迅速掏出手機展示隱藏在藍色 ok 繃下、皮開肉綻滲著血的新傷照片。[*] 或者他們會談論他們當時是如何去處理傷口，並且直接回去繼續工作。

以上行為所隱含的大男人主義，其實是很愚蠢的。基於服務熱忱，廚師們常常會將傷口包裹在保鮮膜或橡膠手套中，並且繼續工作——因此，有些嚴重的傷口也往往錯過了可被成功縫合的重要時機。面對會讓一般人感到震驚之創傷的瘋狂復原力，是廚師們許多不健康的行為特徵之一，而廚師們也繼續用這些特質來定義自己。[†] 廚師經常會談到被烤盤灼傷的事，然後像沒事般繼續工作。

---

[*] 在廚房中一般會使用藍色或「顯示型」ok 繃，這樣一來，如果 ok 繃掉入食物中，就能很容易被發現。在大型工廠中，一般則會使用含有金屬磁條的 ok 繃，就如鈔票上的條碼那樣，如此，ok 繃便能被金屬探測器探測到。

在《巴黎‧倫敦落魄記》（Down and Out in Paris and London）中，眾所皆知地，喬治‧奧威爾（George Orwell）雖是當時的俚語中所謂「足智多謀」的人，卻對廚房中人們對於物理「硬度」之迷戀而感到困惑。

[†] 我曾經相信這是一個神話，但現在我看到它發生太多次了，讓我相信這種說法是極為可靠的。

專業廚房以外的人看這種行為，當然覺得很荒謬。放任傷口惡化而不是接受治療，是有悖常理的。然而，當我們與自己的刀子建立關係時，即使是為了娛樂而非專業目的而從事烹飪的人們，也會開始改變自身的態度。

學習磨刀的關鍵部分是測試刀刃。一開始，你會拿刀去割報紙，以檢查你的刀刃是否夠鋒利，但是很快地，你就會發現自己正在做專業人士會做的事情：將拇指放在刀脊上，用另外三根手指的指腹來直接觸摸刀刃。剛開始，你會覺得這是很可怕的行為。畢竟出於自我保護的防禦機制，人類的大部分心智能力都是在竭力保護我們的身體免受威脅。然而，在測試尖銳的刀鋒時的那種控制感──只是讓刀刃微微卡入皮膚的角質層而不穿透它，刀刃上那些微小的不平整輕刮著你指紋上的螺紋和渦紋──名副其實地就是「在刀刃上跳舞」。

即使是現在，當你讀到這篇文章時，我打賭你或許正在親眼看著自己手上的某個傷疤的芋條。那些褪色的白色細紋，是某次刀子滑開、割到指甲所造成的一個棘手小傷疤。古怪的是，我也正在看著自己左手上的某處，那個地方曾經遭遇過一次可怕的切傷──需送急診室的那種──當我意識到它沒有留下痕跡就癒合了，我覺得自己彷彿被搶走了什麼。經歷一場混亂，卻沒留下什麼可以證明的符號。

去擁有、喜愛和正確使用一把刀，就是去感覺你已經克服了對它的恐懼，學會去駕馭它，而它在合作關係中，持續維持應有的表現，刀傷最後將成為你與它共同走過追求熟巧歷程的象徵。一直以來，你手裡都拿著刀子，它曾經出色地為你工作，它也仍然能夠使你興奮。在生活中的其他方面，我們通常會去糾正、去避免或去處理會傷害到我們的事物，但從這個角度來說，我們與刀具的關係就如我們與特別喜愛或純種的寵物間的關係一樣。如果它偶爾會咬你或踢你一下，那也沒關係。那樣正展現出它的精神……它就是這樣的東西。

如何研磨

為刀片打造出切割刃，必須經過研磨（創造出刀刃）與校正兩個階段。你可以以令人愉悅的押韻方式，來稱這兩階段過程為：「stoning」和「honing」（磨利和磨平／衍磨）。

為了在目前還未開刃的刀片上研磨出鋒利的刃邊，必須從刀子兩側都各磨去一些金屬。刃邊必須被研磨成楔形。這可以通過各種研磨材料來完成，例如在磨刀機（linisher）上的金剛砂帶，亦即一種用鑽石塵或更精細的「水石」（water stone）所製成的輪子或滑輪組。重要的是，這些研磨材料比製成刀片的鋼材還要硬，並且具有足夠粗糙的表面得以去進行研磨。

水石可以是天然生成的岩石，被切割成平板或者相當於陶瓷的東西。關於水石的重要之處在於，它們具有平坦的表面，可以浸泡在水中，使它們在研磨過程中能夠保持冷卻，並且能有各種等級的粗糙度。

刀片的兩側輪流被磨具所研磨，創造出兩個彼此呈銳角的平面，而這兩個平面最終將交會在一起。當刀刃變得越薄，也就會變得越來越脆弱，所以實際上已經被「磨利」時，研磨的動能（kinetic forces）自然會使刃邊往一側彎曲。這就形成了所謂的「毛邊」：你可以在刀片的一側或另一側感受到的邊緣，而這也是判斷停止研磨過程的關鍵點。你已經盡可能把所需磨掉的金屬給磨掉了，如果繼續研磨，則會使毛邊往相反的方向推回，在刃邊的後面形成一條較為脆弱的線和一個較薄的點。這被稱為「卷口」（wire edge）。刀刃被磨得過分時，卷口會啪的一聲折斷，並且留下一條需要磨平的邊緣——有時會在磨刀過程中清潔刀片時看到它——但嚴格來說，此時你正在磨去比實際需磨去更多的金屬。

接下來，刃邊必須經過校正或磨平。這意味著以研磨工具的表面向刀刃磨擦並對刀刃的兩側輕輕推擠，直至該表面與刀片精確地成為一線。磨平刀刃所用的材料各有不同。在食品領域，傳統上是用磨刀棒（一個帶有手柄的素樸金屬桿）來研磨刀片，而理髮師，以及（夠奇怪的），外科醫生們，在傳統上則是用皮革製的「磨刀皮帶」（strops）來研磨出鋒利無比的刀片。我認識一位很好的屠夫，他用他的屠夫砧板的金屬邊緣來磨刀；我也認識一位刀具收藏家，他用 Vogue 雜誌的書頁來研磨他的刀子。在紙漿表面塗上塗料，質地光滑的雜誌紙，會在壓力下滾動，能賦予刀具華麗的油墨拋光——是一種能用於超細研磨與拋光的極為出色的材料。

關於研磨

BURR
毛刺、毛邊

MATERIAL
REMOVED

被磨去的
刀材

ABRASION

磨損處

BLUNT BLADE
鈍邊

SHARP BLADE
鋒利的刀刃

理解「磨利和磨平」，亦即磨損和校正之間的區別，是很重要的。

因為不同的研磨系統，皆可在某種程度上做到上述兩者。例如，粗糙的水石能以極快的速度將金屬從刀刃上剝除，用極高的效率創造出那個「楔形」，但是最好等級的水石則幾乎沒有什麼研磨特質，它們僅僅是起到「拋光」作用，幾乎沒有磨去任何東西，只是在幫助校正刀刃。傳統的金屬「磨刀棒」根本沒有研磨的特質，只是在校正刀刃，而一個更現代的「鑽石磨刀棒」——塗有工業鑽石磨料細塵——則可像磨刀輪一樣，快速地將刀子磨利。而磨刀皮帶則可以是沒有磨料在其上的普通皮革，或者是塗上了一種非常精細「複合物」磨料的皮革。

手工研磨實際上比一般所認為的要簡單得多。它的容錯率也比較高，幾乎都能研磨出更好的刀刃，無論你怎麼做……它在某種程度上也取決於你能否以合理一致的角度，將刀片送往研磨工具的表面來予以研磨。但手工研磨卻也容易讓人緊張。專業的磨刀器藉著以正確的角度固定住研磨的中介物，並且引導刀片穿過它，而消除了這種憂慮。昂貴的磨刀器通常有兩個電動馬達轉輪，有些則會將兩個迷你鋼板設置為V形並帶有導向裝置，以使刀子保持在正確的位置。

在其他不那麼崇拜刀具地區的刀具怪傑，也有非常昂貴的磨刀夾具，可以用來將刀子夾緊在適當位置，讓你能夠用一個長長的旋轉臂，以一些小而扁平的精選水石來掃過刀體。我覺得這些磨刀夾具對於創造出收藏家來說極為重要的「視覺上完美的刀刃」，是必不可少的，但是如果你磨刀的主要目的是為了更快地將洋蔥切成丁，那麼它們可能就會有點超過。

如果你準備好要掏出一些錢買個磨刀器來磨刀，也不是壞事。我經常向沒有時間或傾向於手工研磨的朋友推薦日本的磨刀器。它們保證會讓你不費吹灰之力就可得到良好的效果，並且會大大量地增進你的烹調體驗。但是，它們確實是藉由磨損來磨刀的，這意味著它們會快速地嚼食掉你的刀具。

事情就是這樣子的，我在這裡或許分享得太多了，但是當夜深人靜，每個人都蓋好被子躺在床上時，獨自一人待在廚房裡，有刀具包和磨刀石相伴，收音機中傳來好聽的音樂……好吧，磨刀真的就是一種沉思、冥想的情境，能夠使人平靜。將每把刀從它所放置的位置取出，回想它最近上回的表現，輕輕地更正它、改進它、照顧它並且讓它準備再次工作，它真是可愛呀！你花在保養刀具所花費的時間和精力，是使它們有別於所有其他工具的關鍵。一套刀座組就像一袋扳手一樣地笨拙；一卷刀具所能擁有的內涵，就如同你準備為它付出的一樣多。到頭來，把你的刀子好好磨利，就是讓它與眾不同的重要關鍵。

STONE 磨刀石

自從製造出第一批金屬刀具以來，人們就開始用石頭來研磨它們。直到現在，你依然可以拾取光滑的鵝卵石並且用它來磨利你的刀片，但是最好的天然生成磨刀石，則是較軟的母岩中，那些具有硬質研磨顆粒或「砂礫」的石頭。以磨料顆粒磨損金屬時，顆粒的本身也會被磨損，從而形成一個不斷更新的、平坦的磨料表面。

天然的油石（whetstones）在世界各地皆可開採到，它們是美麗的東西，但是顯然其顆粒的大小幾乎沒有一致性。而人造石則是由精心分級的磨料顆粒所製成，並且是用樹脂或陶瓷基質黏合在一起的，更常被用來磨刀。

研磨日本刀時，通常會用粗砂（arato）、中砂（nakato）、細砂（shiageto，又稱收尾石）等三種磨刀石來進行研磨。第四種類型的極細砂（nagura）磨刀石，則是用來把中砂和收尾石給磨平，並且在其表面形成拋光漿料。大多數磨刀石都需要塗上潤滑劑，而一些較好的刀刃則是用覆有金剛砂和油的工具所研磨出來的。但是，日本的磨刀石容易被油堵塞，因此在使用前，人們會將它們會浸泡在水中，而在研磨時，水則會濺到切割面上。這就是日本磨刀石被稱為「水石」的原因。

GRITS 磨刀石係數（番數）

120–500	非常粗糙的顆粒。只用在為刀坯開刃或者重度地重新塑型。
500–2000	粗糙的顆粒，用於初始的研磨，以及磨去小碎片與凹凸不平之處。
2000–6000	中等大小的顆粒，用來磨去刮痕和精製刀刃。
6000–10000	極細緻的顆粒，用來拋光與磨平。

磨刀石有不同的形狀和大小，而有些是「組合石」，亦即兩塊粗細不同的磨料背靠背地黏合在一起。值得密切關注的優良磨刀石品牌是King（Ice Bear或Sun Tiger）、CERAX、Shapton和Naniwa等品牌。

磨刀時，當水和磨料四處飛濺，場面很可能會是一團混亂。你可以將磨刀石穩固地放在一塊折疊好的布料上，但如果用磨刀夾來固定它，則讓你可以在一盤水的上方磨刀——這是一個較方便和更加清潔的選擇。在不使用的空檔期間，磨刀石應該要保持乾淨與乾燥，無論是放在原本的收納盒中，或是放在塑膠箱子或木質箱子中皆可。

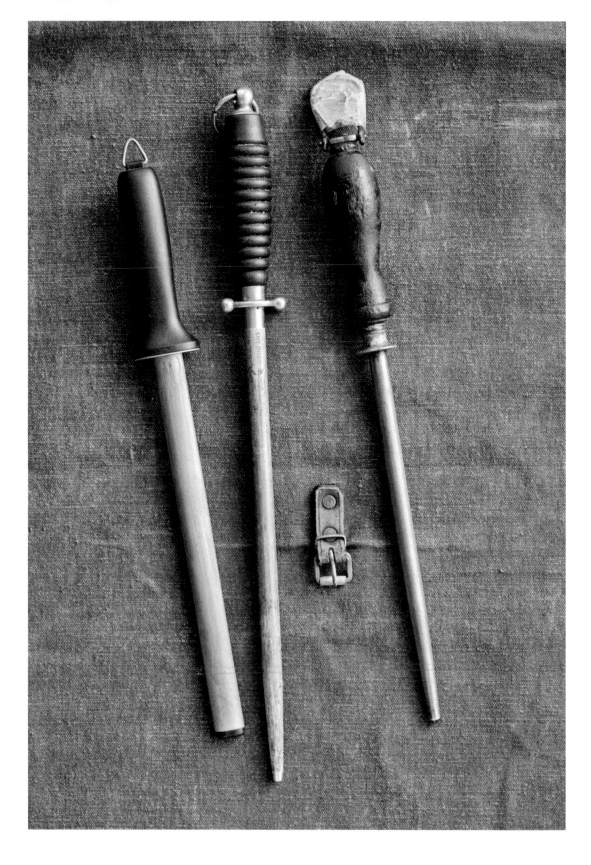

STEEL 磨刀棒

　　沒有什麼比名廚盯著鏡頭，滿不在乎地用磨刀石或磨刀棒霍霍地磨著他的巨刀，更讓電視製作人喜愛的畫面了。那是個非常強大的意象，而我很確信，會有治療師能從分析這樣的行為中賺到很多錢。但實際上，我敢打賭廚師並不會用他最喜歡的刀來這樣做。當你整天都在使用刀具時，定期磨刀以重新調準刀片是非常重要的，但是它也不是那種漫不經心就可以做好的事。鋼材比刀片還要硬，而在一個花俏、喧鬧的表演中將它們相互碰撞，會造成不可挽回的傷害，無論那畫面看起來有多麼棒。

　　任何優質的硬鋼棒都可以用來磨平刀片——在一些屠夫的店中，會看到屠夫們在砧板一隅的金屬托架上磨刀。但是這種傳統桿形有柄的磨刀棒是很便利的，特別適合需要大量處理肉類和魚類的業者使用，因為它可以繫在腰帶上、放入皮套中、或者掛在鉤子上，隨手可得。

　　雖然光滑的表面就能很好地完成磨刀工作，但是許多磨刀棒都配備了縱向的凸條花紋。取決於你的刀子有多硬，這種縱向羅紋可能實際上更具有磨蝕效果，能夠把刀刃的鋼材給磨掉一些。

　　現今比較流行的是「鑽石」鋼，通常具有較為平坦的橢圓形剖面，並且塗有磨蝕作用很強的研磨材料。這些研磨材料很可能只需用一段輕輕劃幾下，就能研磨出一個工作用的刀刃——它們是通過磨損掉大量的金屬來做到這點的。雖然在商業環境中這樣做是有巨大裨益的，因為那些技術不好的人可以把廉價的刀具磨得無比鋒利，但是如果你有一把你非常在乎的刀，老實說我寧願看著你把它放到洗碗機裡，而不是讓它們去經歷上述任何一種方式的研磨。

STROP 盪刀

「盪刀」（strop）這個詞來自與「帶子」（strap）相同的詞源，盪刀的過程通常是這樣：一條皮革製的磨刀皮帶從某個堅固物體的一端懸掛下來，你可以用磨刀皮帶來磨擦刀片，而皮革的堅硬表面會輕輕地推壓著刀刃，使刀刃完美地校正。你應該看過理髮師用盪刀來磨他的剃刀。繃緊的皮革「啪嗒啪嗒響」的盪刀動作，似乎完美地適用於研磨短而直的剃刀刀刃，但是要順利地用它來磨一把全尺寸的廚刀，則是更具挑戰性的。扁平的盪刀板（bench strops）則是由一塊較大的皮革黏在一個板子上所組成，通常還附有某種可握的把手，以使盪刀板在工作時保持穩定。

一條新的盪刀只是赤裸裸的、未經處理的獸皮，但是許多人喜歡用拋光化合物來塗覆在它上面；拋光化合物基本上是一種以蠟質為基底的非常、非常細緻的磨料，如拋光一樣地被揉搓到皮革上。有幾種不同等級的拋光化合物可供選擇，但是若要得到最好的結果，可以使用「珠寶商的胭脂」（jeweller's rough）[一種溫和的磨料汽車拋光劑，如在網路上可買到的歐多索亮光膏（Autosol)]或者使用——幾個刀具製造商的祕密武器——便宜的牙膏。

我個人認為刀片應該要是鋒利且有足夠拋光的，但不希望有任何另外的磨料加入盪刀過程的最後階段中。由於大多數扁平的盪刀都是雙面的，因此僅只塗覆在其中一側，可能會是個很好的折衷方案。

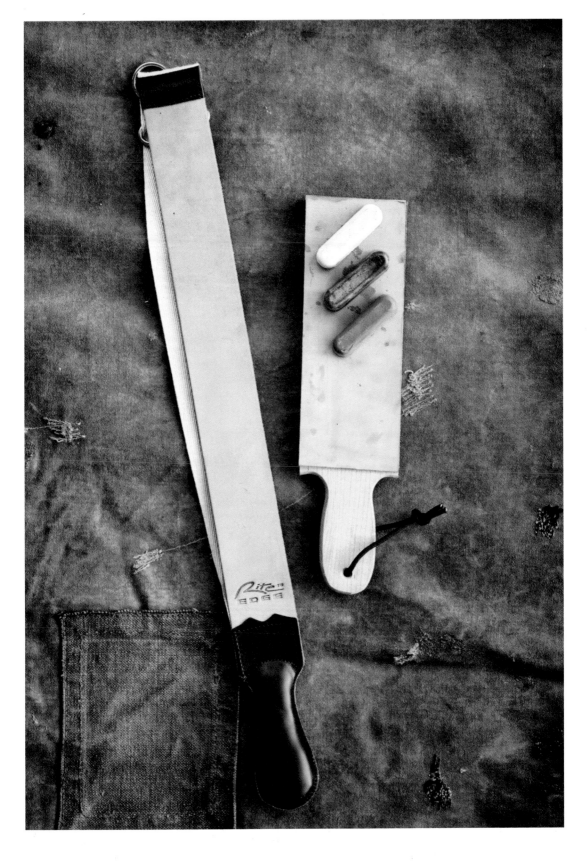

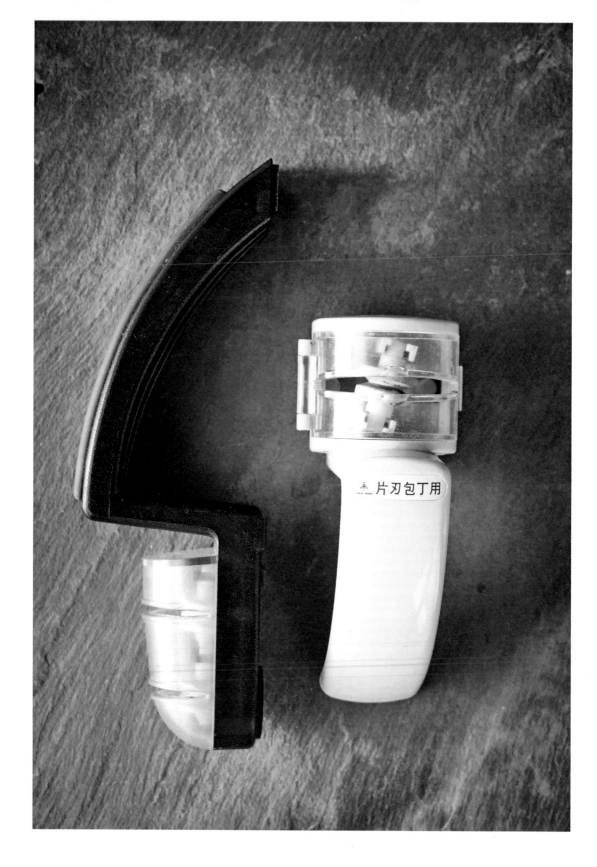

WHEEL 磨刀輪

人類已經花費了許多聰明才智在操作簡便的家用傻瓜磨刀器上，並已取得了不同程度的成功。原則上，把用來研磨的介質以精確的角度設定好，應該是挺簡單的事，如此一來，即使是最忙碌的家庭廚師，也可以把刀子拖曳過傻瓜磨刀器，並且磨出一把鋒利的刀刃。許多人嘗試過，但也有許多人失敗了——可能是因為這樣的安排只適合用於在其他方面得到很好照料的廚刀。

新的磨刀器在最初的幾個月裡通常會工作得很好，但是，一旦你把你的刀子當作開罐器，使得前刃折斷，並強行把它當作螺絲刀來使用的話，無論你再怎麼把它拖拉到小裝置上研磨，都無法使這把刀恢復原狀。

但是，即使對於真正的磨刀石和磨刀皮帶的擁護者來說，使用磨刀器還是極其方便的。當你沒有時間進行完整、令人愉悅的磨刀儀式時，可以轉而使用磨刀器來快速地修正刀刃。

日本水石磨刀器有兩個由石頭製成的小輪子，而刀片就在兩個輪子之間被拉動著。它們被巧妙地排列，使得兩個輪子的側面呈現出正確的研磨角度，而刀體的運動則會輕輕地驅使輪子轉動，讓不斷更新的研磨表面持續研磨刀刃。*下面還有一個小水箱，以讓石頭保持濕潤與清潔。

我在這裡得說實話。只要小心使用並且經常將輪子換新，一個好的水石輪式磨刀器足以為刀子打造出美麗的刀刃。這取決於你的技能，可能要與你使用磨刀石來研磨的技術一樣好。使用磨刀輪時，唯一缺乏的是一種對儀式的必須感。當然……你不必將整組磨刀套件從櫥櫃中拖出來，花上半個小時來為最喜歡的刀片增光與拋光，但是，嗯……這並不是重點好嗎？

***

* 如果你有一把單面開刃的刀，則可購買一個角度略為不同、帶有一個拋光器而非磨刀輪的輪組。這些也很有效，但是每次在磨刀輪上要朝向同樣的方向拉刀，是很重要的。

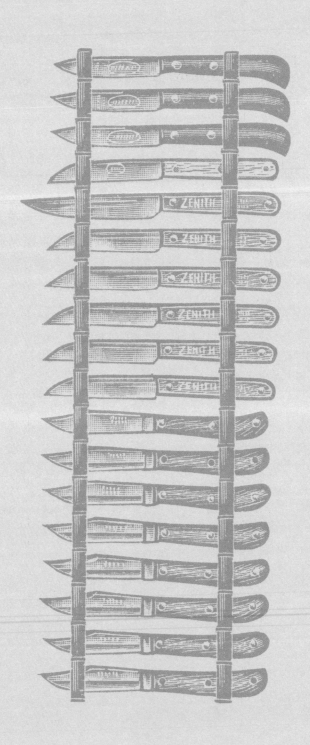

KNIFE ACCESSORIES

刀具的配件

KNIFE ROLL 刀具套

傳統的廚師刀具包（Knife Roll）是一個厚厚的白色帆布套，裡面有許多口袋，可以讓刀柄的末端插入。這並無法提供真正的保護，並防止刀子相互碰撞。但是，由於刀子很容易刺穿它們所插入的任何帆布口袋，因此沒有真正合理的方法來徹底扭轉這種狀況。

要把刀具包收合起來時，許多廚師會在刀與刀之間插入廚房的抹布或毛巾好使它們分開，但是如果刀子掉落出刀具包之外，或是以不正確的方式拿起刀具包，上述的做法是無法保護到任何人的。如果刀具是被收放在抽屜或儲物櫃，或為了方便攜帶，而將整組刀具被裝在金屬工具箱裡，這樣的話，傳統的刀具包就很適合使用。

現今，有各種材料做成的刀具套可供選擇，從原始的厚帆布套到高強度耐磨尼龍的刀具套，甚至是款式非常華麗的皮革刀具套皆有。

選擇刀具套時，首先要考慮兩件事：首先，在攜帶刀具或拿出一把刀來使用時，要能確保自己不被刀子割到；其次，要保護刀子不會因相互碰撞而造成損壞。這時，可以在每把刀的刀片夾上塑料或磁性的刀片防護裝置，在刀具套內加入尼龍搭扣帶也會有幫助。在某些情況下，還可以使用厚重的羊皮襯裡來裝刀子。

KNIFE RACK 刀具架

我很自豪地從祖父那兒繼承了一種過分迷戀的工作室習慣。

任何不在你手中、也不在指定的儲藏空間內的工具，都很容易肇生事故。這是一個很好的系統——事實上，它非常好，是在手術室和一級方程式賽車場區域的標準做法。當患者的傷口已經癒合，或者汽車回到賽車道上並以時速200英里來行駛時，恰恰是去留意到你的其中一個工具已經丟失了的錯誤時間。同樣地，注意到你的柳刃已經不見了的最糟糕的時間，是當你的婆婆「快速地把它放到水槽裡好好地清洗了一番」而肥皂泡沫正在變成那種不祥的胭脂紅色時。

這就是我喜歡磁性刀具架的原因。當然，它們看起來很棒，能夠讓你所有可愛的刀具永久地在那兒展示，而不是讓它們在抽屜裡相互碰撞而造成損壞，但是當我在廚房裡工作時，我還是會不時地去查看刀具架，如果某把刀不見了，而它也不在我的手中，我就知道它應該是在某處等著製造麻煩，這時就必須停下手上的工作來搜捕它了。

磁條可以以很便宜的價錢從廚房供應商那裡購得，但它們唯一的缺點是：它們可能會刮傷刀片的背面。有一些非常昂貴的刀具架，它們華麗的木頭上附有強力磁鐵，能夠克服這樣的問題，但是我更喜歡身兼麵包師／釀酒師／醫生和刀藝怪傑等身分的名人詹姆斯‧莫頓（James Morton）所分享的小撇步。用一條麂皮把你的磁性刀具架的前面給覆蓋住。如此，其他刀具既可各安其位，又不會再產生刮痕。

CUTTING BOARD 砧板

‧‧

屠夫的砧板是由數十塊連續排列並且綁在一起的木頭所製成。這意味著切肉刀或其他刀子可以咬入木砧板柔順的「端面紋理」（end-grain）中，它會輕輕地分開──保護刀刃──然後再自我癒合。基於衛生原因，人們常常認為木製砧板不受管理者的青睞，但事實並非如此。* 在商業廚房中，彩色的砧板的確有助於控制交叉污染，而由於它們是聚丙烯材質所製成的，意味著它們可以經常進出灼燙的洗碗機。

傳統的中國砧板是圓形的，而它的橫截面比我們所習慣的更厚。西方廚師很少以平行於砧板的方式來切割，而如果他們需要──也許是為了片魚或者為了切最後一片麵包──他們必須將砧板拉到桌子的邊緣，這樣才有足夠的空間得以擺放他們的指關節。使用較厚的砧板，讓中國廚師可以快速地翻轉菜刀來進行水平切割，就如進行垂直切割一樣地容易。觀看一位中國廚師工作，你會看到他經常在進行水平切割。這很可能也是為什麼西方的刀具包，常常會訴求其中附了有彈性、可以彎曲並進行水平切割的刀具，作為特色賣點的原因。

玻璃、大理石或石材砧板……好吧，我希望你現在對刀具已經有足夠的了解，能夠知道當任何你可以拿來磨利或磨平的東西直接切入砧板時，都會造成無法估量的損壞。

如果可以的話，盡量使用端面紋理的木製砧板，必要時亦可使用聚丙烯材質的，並且讓它保持清潔。最重要的是，切菜時要親柔且含情脈脈，如此刀刃碰觸到砧板時，便能盡可能減少造成創傷。

好好愛你的刀。它也會愛你的。

---

* 「沒有任何有力的證據證明，某種砧板或多或少會比另一種砧板更衛生，無論它是塑料、木質、玻璃或者甚至是大理石材質皆然。重要的是，每次使用後，砧板都需得到適當的清潔，如果因為切得較深或刮傷而使砧板受損了，則需隨時將它汰換，因為這會妨礙正常的清潔。你還可以使用不同的砧板來分別處理生食和熟食，以阻止細菌傳播。」──英國食品標準委員會（food.gov.uk）

作者簡介

蒂姆・海沃德
Tim Hayward

　　生於英國布里斯托爾，是英國著名的美食專欄作家與廣播主持人，也是英國《金融時報》雜誌的主要餐廳評論家之一。主要著作包括：《食品DIY：如何自製一切食品》、《DIY廚師》和《現代廚房：改變我們的烹飪、飲食和生活方式的物體》。曾經榮獲英國食品作家協會所頒發的「新媒體獎」、「年度最佳食品廣播獎」、「最佳食品雜誌獎」、「年度食品記者獎」、「年度最佳餐廳作家獎」，以及Fortnum & Mason「最佳食品新聞獎」。

他們都是職人

川田千惠
Chie Kutsuwada

漫畫家轡田千里將一些瘋狂、鬆散的想法變成了堅實的光彩。

韋爾·韋伯
Will Webb

韋爾·韋伯精巧而冰冷的設計作品，反映了他職業殺手般的冷靜。

克里斯·泰瑞
Chris Terry

克里斯·泰瑞能夠在破舊的老東西中看到與原始物品一樣多的美，這確實使得這本書的內涵，遠遠超出我們的所有期望。

莎拉·拉維爾
Sarah Lavelle

最後是莎拉·拉維爾，是她把我們聚在一起、領導我們，如果有哪個人的名字應被刻在刀上，無疑是她的名字！

任何有插圖的書都是團隊合作的成果，其意義遠非筆墨所能形容，有點像一群工匠共同製作出來的傳統日本刀——但是我認為，這本書所需的團隊合作是超乎尋常的。這是第一次合作，而團隊中的每個人對於最後所完成的書籍成品，皆是貢獻良多。非常感謝。

索引

專有名詞

中文	原文	頁碼
352P內臟鉤	352P gutting hook	148, 149
GENZO 野外屠宰工具包	Genzo field butchery kit	150
MORA 9151P片魚刀	Mora 9151P filleting knife	148
刀身	blades	6, 8, 10, 11, 12, 13, 14, 15, 45, 53, 55, 59, 76, 78, 94, 101, 103, 105, 113, 114, 127, 128, 130, 131, 136, 139, 147, 148, 187, 193
刀具架	knife racks	214
刀具套	knife rolls	213
刀柄	handles	10, 11
刀寶	dao bao	183
匕首握	dagger grip ／stabbing grip	13, 109,143
三德刀	santoku	9, 49, 86, 87, 101, 113, 160
大姆指操控法	toward-the-thumb grip	13
大馬士革鋼	Damascus steel knives	25, 29, 32, 91, 110, 113
大衛式的賽巴迪刀具	Davidian Sabatier	47
工作刀	office knife	8, 63
工具刀	utility knife	48
中式切肉刀	Chinese cleaver	77, 81, 83
中國砧板	Chinese cutting blocks	216
內臟鉤	gutting hooks	148
切肉叉	carving forks	174
切菜器	mandolines	188, 190
巴塔野餐折刀	Bâtard Folding Picnic Knife	178, 179
日式曼陀林切菜器	Japanese man-dolines	190
日式水果刀	petty knives	114
水石	water stone	199, 201, 202, 209
片魚刀	filleting knives	47, 48, 56, 148
牛刀	gyuto	49, 61, 87, 110, 113
牛排刀	steak knives	66, 67, 134, 136, 137, 150, 159
出刃	deba	49, 90, 92-94, 101, 113, 128
半月刀	mezzaluna	193
去內臟刀	gralloching knife	150
去骨刀	honesuki	109
瓜按法	the Claw	15
皮帶刀	belt knives	163
防切手套	gloves, chainmail	152
防切手套	chainmail gloves	152
拉吉奧勒	Laguiole	178
斧頭	axes	177
松露切片器	truffle slicer	164, 165
芬蘭刀	puukko	163
削皮刀	paring knives	6, 47, 48, 63, 183, 184
指向法	point grip	12, 13
挖球器	melon ballers	184
柳刃	yanagiba	49, 90, 92, 94, 101, 102, 103–105, 106, 113, 127, 181, 214
柳葉刀	willow blade knife	103
美國刀匠協會	American Bladesmiths Society	61

剔骨刀	boning knives	47, 49, 55, 69, 109, 135
捏握法	pinch grip	12
桂剝	katsuramuki	90, 98, 101, 130, 183, 190
砧板	cutting boards	6, 14, 15, 45, 47, 53, 76, 90, 105, 114, 128, 139, 143, 175, 181, 183, 187, 205, 216
起司刀	cheese knives	159
骨鑿	boning gouges	147
屠刀	butcher's knives	48, 134–53
屠夫刀	feuille de boucher	139, 140-141
屠夫的砧板	butcher's block	216
屠宰工具包	butchery kit	150
曼陀林切菜器	mandolines	188
章魚切刀	octopus slicer	106
章魚蛸引	sakimaru takohiki	106
野餐刀	picnic knives	178
鳥嘴刀	tourné knife	8, 48
鰻裂	unagisaki	128, 129
握法	grip	12-13, 92, 109, 114, 143, 181
短彎刀	scimitar	136, 139
菜刀	cai dao	9, 15, 53, 76-79, 83, 90, 92, 106, 113, 139, 160, 181, 216
菜切	nakiri	85, 87, 98, 101
奧皮尼刀	opinel	163
蛸引菜刀	takohiki	106, 107
電動切片刀	electric carving knife	168
壽司切	sushikiri	127
製刀	knifemaking	8, 19, 29, 31, 87, 91, 92, 117
墨流浮水染	suminagashi	91, 94, 130
熱處理	heat treatment	19
蔬果雕刻刀	fruit carving knives	184
磨刀皮帶	strops	199, 201, 206, 209
磨刀石	stone	105, 160, 199, 201, 202, 205, 209
磨刀棒	steel	85, 135, 150, 172, 199, 201, 204, 205
磨刀輪	wheel	208, 209
磨菇刀	mushroom knives	163
鋸切機	bandsaws	134, 139
錐子	meuchi	128
薄刃	usuba	49, 90, 96, 97, 98, 101, 113, 181
螺旋切絲器	spiralizers	190
賽巴迪刀具	Sabatier knives	85, 86, 160, 178
鍘刀	hachoirs	193
鎚頭握	hammer grip	12, 13, 92, 114, 181
鮭魚切刀	jamonero / salmon slicer	187
職人	Shokunin	8, 14, 29, 91, 117-124, 130, 154, 219
轉削刀	turning knife	64, 65
剝皮彎刀	skinner's blade	150
關東風格薄刃	kanto usuba	97
蠔刀	oyster knives	156
麵包刀	bread knives	166, 167, 168
鐮型薄刃	kamagata usuba	97
鐵刀	iron knives	16, 18, 19
鑽石磨刀棒	diamond steels	135, 201, 205

製造商與品牌

原文	中文	頁碼
A.L.O.		193
Bargoin / Fischer		139
Beehive		69
Benriner		190
Blenheim Forge	布萊尼姆鍛造廠	20, 29, 32, 101
Bloodroot Blades	血根刀具廠	59
Bron-Couke		188
Butler		69
Déglon Sabatier		63
Doghouse Forge	狗屋鍛造廠	20, 59
Fama		159
Forschner/ Victorinox		136, 143
Global		187
Henckels, J. A.	雙人牌	47, 64
Hitachi	日立	92
Jinhua Preasy Machinery Co.	金華市普瑞機械製造有限公司	152
Kikuichi	菊一文珠四郎包永	103, 109
Lamson and Goodnow		178
Le Roi de la Coupe		156
Leung Tim Choppers Co.	梁添刀廠	78, 81, 83
Martínez y Gascón		147
Mexea and Co.		69
NHB KnifeWorks	NHB刀具工廠	59
Paderno		164
Prestige (Skyline)		167
Rockingham Forge		159
Saji	佐治武士	106
Sakai Takayuki	堺孝行	127
Sakon		92, 103
Sakura	櫻花牌	113
San-Etsu	三越金屬集團	110, 128, 129
Sears Roebuck & Co		168
Shiro Kamo	加茂詞朗	97
Tadafusa	庖丁工房	114
Takamura	高村刃物製作所	114
Thiers-Is-sard Sabatier		54, 55, 56, 57
Victorinox / Forschner		136, 137, 142, 143
Wetterlings Manufaktur AB		176, 177
Wüsthof	三叉牌	18, 45, 47, 52, 53

人物

原文	中文	頁碼
Joe	喬爾·布萊克	20
Carter, Murray	墨瑞·卡特	59, 87
Conran, Shirley	雪莉·康蘭	64
Cote, Guillaume	吉尤恩·寇特	59
Crichton, Scott Grant	史考特·格蘭特·克萊頓	72
David, Elizabeth	伊麗莎白·大衛	45
Dozorme, Claude	克勞德·多佐姆	178
Gilpin, Nathaniel	那撒尼爾·吉爾平	68-73, 160
Harris, Henry	亨利·哈里斯	85, 160
Kramer, Bob	巴布·克萊姆	20, 59, 61
Morton, James	詹姆斯·莫頓	214
Patel, Jay	傑·帕特爾	85

Ross-Harris, James	詹姆斯‧洛斯-哈里斯	
Russell, Donald	唐納德‧拉塞爾	66

French knives	法國刀具	45, 48, 56, 63, 76, 139, 156, 163, 188
German knives	德國刀具	8, 9, 47, 53, 64, 66, 78
Indian market knives	印度市場刀具	181
Italian knives	義大利刀具	159
Japanese knives	日式刀具	9, 49, 53, 86, 88-131, 181, 184, 187
Spanish knives	西班牙刀具	147
Swedish knives	瑞典刀具	148-151, 177
Thai knives	泰國刀具	183

章節單元

原文	中文	頁碼
accessories	刀具的配件	210-216
anatomy of knife	廚刀的結構	10, 11
cleaver patterns	法式切肉刀樣式	140-141
custom knives	關於客製刀具	59-61
cutting yourself	關於割傷	196-197
Japanese cutting styles	日式切雕技巧	98-99
knife dictionary	日式廚刀辭典	130-131
materials	刀具材質	16-20
modding knives	刀具改裝	160
repairing knives	刀具修復	160
specialised knives	專業刀具	154-193
strokes	切法	14-15
sharpening knives	磨刀法	135, 199-209

各國刀具

原文	中文	頁碼
American knives	美國刀具	136, 143, 168
Canadian knives	加拿大刀具	164
Chinese knives	中國刀具	53, 74-83, 152, 184
English knives	英國刀具	101, 159, 167
Finnish knives	芬蘭刀具	163

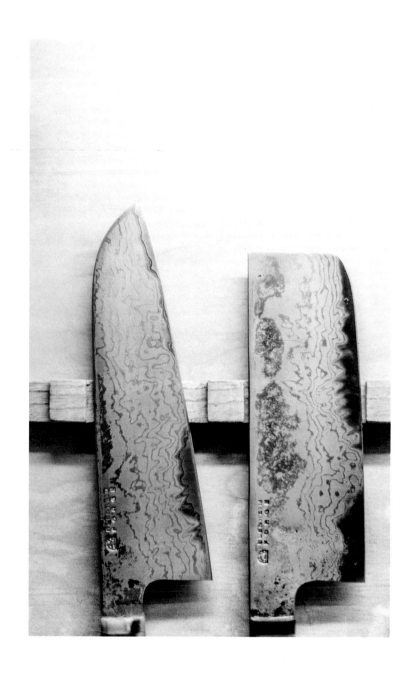